Pythagoras' Legacy: Mathematics in Ten Great Ideas

U0740734

改变数学的 10个伟大思想

毕达哥拉斯的遗产

[英] 马塞尔·达内西（Marcel Danesi）◎著

林大卫　王镜淇◎译

人民邮电出版社
北京

图书在版编目（CIP）数据

毕达哥拉斯的遗产：改变数学的 10 个伟大思想 /
(英) 马塞尔·达内西 (Marcel Danesi) 著；林大卫，
王镜淇译. -- 北京：人民邮电出版社, 2025. -- (欢乐
数学营). -- ISBN 978-7-115-67085-4

I. O1-49
中国国家版本馆 CIP 数据核字第 2025XC0539 号

版 权 声 明

内 容 提 要

在人类社会漫长的发展进程中，数学无疑占据很重要的地位，它对我们的生产和生活都有着重大影响。但数学不是从来就有的，它在旧石器时代以简单的数学记号的形式出现在动物骨头上，之后经过数万年的发展，才有了如今这一套比较完整的数学知识体系。本书以数学发展史上的 10 个伟大思想勾勒出数学发展的本来面目，这 10 个伟大思想分别是毕达哥拉斯定理、素数、0、π、指数、e、i、无穷大、可判定性、算法。此外，本书还包含 50 个经典数学问题。

本书适合对数学发展史感兴趣的读者阅读。

◆ 著　　　　[英]马塞尔·达内西（Marcel Danesi）

　 译　　　　林大卫　　王镜淇

　 责任编辑　李　宁

　 责任印制　陈　犇

◆ 人民邮电出版社出版发行　　北京市丰台区成寿寺路 11 号

　 邮编　100164　　电子邮件　315@ptpress.com.cn

　 网址　https://www.ptpress.com.cn

　 三河市中晟雅豪印务有限公司印刷

◆ 开本：720×960　1/16

　 印张：12　　　　　　　　　　　2025 年 8 月第 1 版

　 字数：144 千字　　　　　　　　2025 年 8 月河北第 1 次印刷

　 著作权合同登记号　图字：01-2020-6514 号

定价：49.00 元

读者服务热线：(010)81055410　印装质量热线：(010)81055316

反盗版热线：(010)81055315

前 言

数学本不存在，直到我们定义了它。

——阿瑟·爱丁顿爵士

"万物皆数。"这句话源于公元前 500 多年的一个历史上避世隐居却又重要的人物——毕达哥拉斯，他来自古希腊伊奥尼亚的萨摩斯岛（译者注：希腊爱琴海中的一个小岛）。为了验证自己所说的这句话的正确性，他在意大利半岛南部的克罗托内建立了一个社团——毕达哥拉斯兄弟会（也称毕达哥拉斯同盟）。社团秘密活动，社团内成员提出的想法后来逐渐发展成一门独立的令人兴奋的新学科，即数学。用来探究这些想法的方法发展成一套思维工具，其作用是发现隐藏在数字中的宇宙奥秘。"毕达哥拉斯兄弟会"一词沿用的是以前的叫法，有可能用词不准确，因为毕达哥拉斯同样鼓励女性加入他的社团。在毕达哥拉斯的晚年，他与社团中的一名女性成员结婚了。

毕达哥拉斯提出的最重要的定理——毕达哥拉斯定理（译者注：在中国被称为勾股定理）是数学史中的第一个突破性想法，影响了之后的数学发展历程，将数学转变成"思维的艺术"。这个定理一直延续到今天。没有毕达哥拉斯定理就没有之后的自然科学、工程学或哲学。本书通过展示和讨论数学中的 10 个伟大思想来描绘这一历史遗产的面貌，旨在说明，相比其他所有艺术形式，比如从音乐到绘画，为什么只有数学可以被定义成思维的艺术、创造性的事业。毕达哥拉斯实际上还将音乐和数字融合成了一个知识体系，称为天体音乐。

本书源于我这几十年在多伦多大学讲授的一门关于数学史的本科课程，这门课程的核心是数学思想。数学的历史多姿多彩，但是我在讲授的过程中发现，只有少数人关注数学中的各种思想是如何通过想象相互关联的。毕达哥拉斯认为数学存在于人类思维之外，是如某种神秘代码一般的存在，它可能蕴含所有已知问题的答案。不管这是不是真的，我认为每个人都应该对数学的历史有一些了解。英籍匈牙利作家阿瑟·库斯勒（又译为阿瑟·凯斯特勒）在《梦游者》（*The Sleepwalkers*）一书中做过相关说明：在毕达哥拉斯之前，没有人认为数学和宇宙之间存在什么联系，而 25 个世纪之后，欧洲人仍然受益于毕达哥拉斯的思想。在本书中，我还谈及了其他伟大的思想。我挑选这些内容是因为它们在数学史中一直占据着重要地位。它们也是我在课程中不断提及的思想。

本书既适合喜欢数学的人，也适合不喜欢数学的人。我希望我能够令后者相信——数学不仅仅是数学。出于这个考虑，本书对读者数学基础的要求较低，因为我已经相当谨慎，尽我所能采用通俗易懂的语言进行阐释。读者只需要具备高中数学知识。我的目标是展现出数学是一门艺术，一门令人愉悦且易于理解的创造性艺术。正如马克·吐温曾写道："智力工作这一词其实起错名字了，它其实是一种快乐、消遣和最高的奖赏。"为了让本书尽可能有趣，每章都以 5 个探索性问题结束，一共有 50 个这样的探索性问题，问题的答案和解析可以在书后找到。

我要感谢丹尼尔·泰伯和凯瑟琳·沃德对本书的支持，以及他们提出的宝贵意见。我也要感谢朱利安·托马斯对本书所做的出色工作。

马塞尔·达内西

2019 年写于多伦多大学菲尔兹数学科学研究院

目 录

证明的作用远不止在逻辑上证实你的怀疑或猜想。证明需要灵感，灵感依靠想象力，而想象力依靠直觉，所以证明超越了琐碎平庸和常规俗套的现实，迫使人们更深入地探索数学世界。

素数是容易被定义的，但是它的分布是变幻莫测的，以至于成为数学中影响非常久远、深刻的惊奇事物。

没有 0 和负数，数学便不能成为一个强大的工具。但是，我们已经看到，作为一个特殊的数字，0 在数学系统中引起了"故障"，例如 0 作为除数时的谬误。但是错误本身往往是新想法的来源。

π 存在于从行星轨道到心脏脉搏的一切事物中，即便我们不能直接在生活中看到它，但它依然影响着我们生活中的一切。我们只能从与圆相关的比值、数轴上的一点等地方片面地感受它，但是它确实无处不在。

googolplex 被定义为 10 的 googol 次幂，我们无法想象这到底代表多大的数字。天文学家卡尔·萨根曾经说过，写出数字形式的 googolplex

在物理上根本不可能，因为宇宙中没有足够的空间。

术语"方程"意味着可以解决的问题，就像通过求解 $x+2=4$ 可以得到 $x=2$，但是欧拉公式不是这样的。这个方程没有解，它只是一个事实陈述。

在现实世界，如果你能观察到某物，它就存在；如果观察不到，若能从可以观察到的事物中推断出它必然存在，也是可以说明它存在的。我们知道重力存在，是因为我们可以观察到它的影响，即使没有人可以看到重力……然而数字 2 不是这样的。它不是一个东西，而是一个概念。

一个孩子问："上帝什么事都做得到吗？"收到肯定的答复后，他立刻问："那他能造出一块连自己也举不起来的石头吗？"

逻辑是解决人类所有问题的唯一有效途径，因为人类的大多数问题是由情感和激情引起的，逻辑有能力"驯服"它们。

在任何逻辑系统中，总有一些陈述是真的，但不能在陈述中证明。这意味着逻辑系统本质上是不可判定的，也包括计算机系统。

1

毕达哥拉斯定理
数学的诞生

理性是不朽的，其他一切都会消逝。

——毕达哥拉斯

$\pi = 3.14\ldots$

$a^2 + b^2 = c^2$

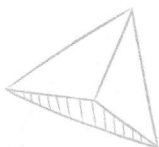

$\infty = ?$

开篇

如果用 3 根长度分别是 3 分米、4 分米和 5 分米的木棍摆成一个三角形,我们将得到一个直角三角形;如果将这 3 根木棍分别加长到 5 分米、12 分米和 13 分米,我们就会得到另一个直角三角形,如图 1.1 所示。

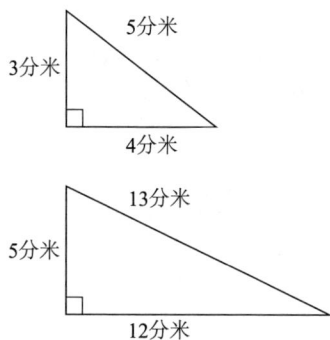

图 1.1　直角三角形

但并不是任意长度的 3 根木棍都可以组成直角三角形。那么问题来了,为什么有些木棍可以组成直角三角形,而有些就不行呢?这个问题需要用毕达哥拉斯定理(中国称勾股定理)来解释。毕达哥拉斯定理是数学史上伟大的思想之一。它的伟大体现在很多方面,例如一直贯串于人类的教育史,在科学上有很多重要的应用,出现在多个其他数学思想中,可以解决很多工程学和建筑学问题,以及其他不胜枚举的应用。总之,它是与人类进化进程紧密相关的重要思想之一。接下来,我们将对这个以古希腊数学家毕达哥拉斯的名字命名的定理一探究竟,了解它究竟为什么如此重要。

毕达哥拉斯生活在约公元前 580 年到约公元前 500 年，但是这些能组成直角三角形的数组 {a,b,c} 却在他出生前就被人们发现了。古埃及人发现用绳子缠紧 3 个间距分别为 3、4 和 5（忽略单位）的木桩就可以得到一个直角三角形，且最长边（斜边）对着的角是直角。古巴比伦人也注意到一些三元数组 {a,b,c} 可以组成直角三角形。考古学家发现过一个后来被命名为"普林顿 322"的古巴比伦泥板，上面记载了 15 个这样的数组。英国数学家伊恩·斯图尔特对此做了如下的描述。

这是一个有 4 列 15 行（也有文献记载为 16 行）的表格。其中，最后一列标注了从 1 到 15 的行序数。在 1945 年，科学史学家奥托·诺伊格鲍尔和亚伯拉罕·萨克斯注意到，每一行第三个数字（c）的平方减去第二个数字（b）的平方等于第一个数字（a）的平方。这个规律遵循等式 $c^2=a^2+b^2$，所以这个表格很明显记录的是毕达哥拉斯三元数组。然而，我们不能由此就完全确定"普林顿 322"和毕达哥拉斯三元数组有什么联系，就算有联系，也许这个泥板只是记录一些面积容易计算的三角形，也许这些三角形可以拼凑起来用于估计其他三角形或其他图形的面积，进而丈量土地。

不管这些三元数组意味着什么，它们出现和为人所知的时代都比毕达哥拉斯的时代更早。但是正如伊恩·斯图尔特所说，他们当时可能并没有意识到这些数字之间隐藏着等量关系，即 $c^2=a^2+b^2$。这个等量关系是被毕达哥拉斯用基础的数学方法证明的。泥板上的数组都符合这个等量关系：

$$\{a,b,c\} \rightarrow c^2=a^2+b^2$$
$$\{3,4,5\} \rightarrow 5^2=3^2+4^2 \rightarrow 25=9+16$$
$$\{5,12,13\} \rightarrow 13^2=5^2+12^2 \rightarrow 169=25+144$$

毕达哥拉斯定理

毕达哥拉斯的生平和成就都是被"迷雾"笼罩着的，关于他的生平，有很多谜团和传说。他出生在爱琴海东部的萨摩斯岛上。传说毕达哥拉斯的父亲是宙斯之子阿波罗，母亲是神职人员。可以确认的是，他在公元前529年左右在克罗托内（意大利半岛南部）定居，随后建立了一个社团（即前言中所提到的毕达哥拉斯兄弟会，后世称毕达哥拉斯学派）。学派的核心成员被称作 mathēmatikoi，意思是"追求和热爱知识的人"。后来，由于遭到当地居民反对、迫害，该学派的成员四处逃亡，直到公元前450年该学派解散。证明毕达哥拉斯定理只是这个学派在数学领域开创性的成就之一，他们还发现了奇偶数、素数、算术和几何之间的联系等。

毕达哥拉斯没有留下任何这个定理证明过程的书面证据，所以我们只能推测他是如何做到的。这个定理的具体证明过程出现在中国的两本关于数学的古书——《周髀算经》和《九章算术》（历史学家认为《周髀算经》写于西汉或更早；《九章算术》经过几代数学家编写，且最后在西汉成书）中。这些证明过程基于几何原理：以直角三角形的两个直角边（a和b）为边的正方形，其面积之和总是等于以斜边（c）为边的正方形的面积，如图 1.2 所示。

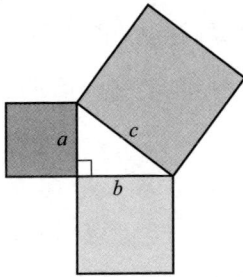

图 1.2　毕达哥拉斯定理的几何证明图示

　　没有人知道毕达哥拉斯的确切证明过程。一些历史学家认为他利用了图形解剖法，比如下面介绍的这样。首先，我们画一个直角三角形，其 3 条边分别是直角边 a 与 b 和斜边 c。然后，我们构造边长为 $(a+b)$ 的正方形，这样就得到了 4 个一样的直角三角形，其排列方式如图 1.3 所示。

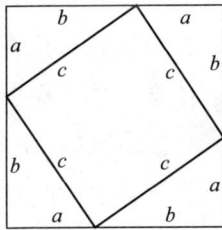

图 1.3　利用图形解剖法证明毕达哥拉斯定理

依照图 1.3 可得出如下的证明过程。

（1）中心的正方形的边长是 c，所以它的面积是 c^2。

（2）大正方形的面积是 $(a+b)^2$。

（3）利用代数知识，将（2）中的式子展开成 $(a^2+2ab+b^2)$。

（4）利用"三角形的面积是底乘高的二分之一"，计算图中每一个直角三角形的面积，即 $\frac{1}{2}ab$（a 是底，b 是高）。

（5）因为有 4 个一样的直角三角形，所以它们的总面积是 $4 \times \frac{1}{2}ab = 2ab$。

（6）用大正方形的面积减去 4 个直角三角形的面积，即 $(a^2+2ab+b^2)-2ab=a^2+b^2$。可以发现大正方形的面积减去 4 个直角三角形的面积后，剩下的正好是中心正方形的面积，而中心正方形的面积是 c^2。

（7）根据等量代换思想（等于同一事物的事物是彼此相等的），可以得到结论 $a^2+b^2=c^2$。

当然，无论原始的证明过程是什么，都肯定不是用前文所用的符号表示的。这里我们采用现代的符号，仅是为了方便表述，而证明过程应是与原始的证明过程相似的。

毕达哥拉斯定理有 400 多种（一说约 500 种）不同的证明方法，这足以证明它在数学的发展史上是一个多么重要又"迷人"的存在。在这些相关的证明方法中，古希腊数学家欧几里得在约公元前 300 年推导了这个定理的逆命题：如果一个三角形长边的平方等于两条短边的平方之和，那么这个三角形就是直角三角形。这个定理还被很多人证明过，这些人包括 12 世纪印度数学家婆什迦罗第二［证明过程写在其关于数学的著作《莉拉沃蒂》（*Līlāvatī*）中］，文艺复兴时期的画家和自然科学家达·芬奇，以及美国政治家詹姆斯·加菲尔德。加菲尔德于 1876 年发表了他的证明过程，当时他还是美国众议院议员。在 1881 年 3 月 4 日他宣誓就职第 20 任美国总统。

证明

历史学家认为数学中"证明"的概念最早由古希腊哲学家泰勒斯提出，泰勒斯将"证明"定义为通过逐步执行的逻辑推理过程，将事实和公理联系起来，直到得到一个不可避免的结论，则这个结论必然为真。证明方法不是唯一的，比如毕达哥拉斯定理就有许多证明方法。尽管如此，古希腊数学仍建立了几种通用的证明方法。

有这样一种证明方法，是应用一般原理来分析和说明某些特殊或个别对象、现象是真实的，或逻辑上是连贯的、一致的，这种证明方法被称为**演绎法**。为了更好地解释演绎法，下面列举一个我在教学中提到的典型几何问题：证明两条直线相交时形成的对顶角相等。

我们画两条直线 AD 和 CB，这两条直线相交于点 O 并形成两对对顶角，我们将其中一对对顶角命名为 x 和 y，这两个角之间的其中一个夹角为 z，如图 1.4 所示。

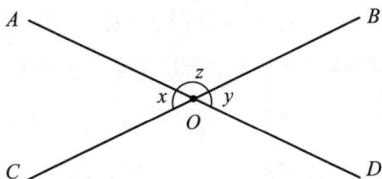

图 1.4　两条直线相交形成两对对顶角

我们需要证明 x 和 y 是相等的。虽然这两条直线相交还形成了另一对对顶角，但是我们不需要同时考虑两对，因为它们的证明方法和结果都是一样的。这个证明过程依赖于我们先前所学的知识，特别是平角的角度是 180°。首先考虑角 COB，它呈 180°，是平角，并且被直线 AD 划分为两个角 x 和 z，所以逻辑上这两个角之和一定是

180°，那么可以用一个等式 $x+z=180°$ 表示这一推论。

接下来考虑角 AOD。同样，这个平角被划分为两个角 y 和 z，那么同理可得这两个角加在一起也是180°，可以用 $y+z=180°$ 表示这一推论。两个等式如式（1-1）和式（1-2）所示。

$$x+z=180° \qquad (1\text{-}1)$$
$$y+z=180° \qquad (1\text{-}2)$$

它们可以被改写成

$$x=180°\text{-}z \qquad (1\text{-}3)$$
$$y=180°\text{-}z \qquad (1\text{-}4)$$

既然式（1-3）显示 x 等于 $180°\text{-}z$，式（1-4）显示 y 等于同样的表达式 $180°\text{-}z$，那么可以根据等量代换思想推出 $x=y$。因为我们没有对任意角度指定特定值，所以可以得出结论：任何一对由两条相交直线构成的对顶角都相等。像这样的证明最引人注目的地方是各个步骤相互承接，就好像是同一故事（一个关于数学的故事）的一部分。恰如数学家伊恩·斯图尔特所言：

什么是证明？这是一种数学陈述，其中每一步都是前一步的合乎逻辑的结果。每个陈述都必须通过引用前面的陈述来证明它的合理性，并表明它是前面的陈述的合乎逻辑的结果。

另一种主要的证明方法被称为**归纳法**，指的是从某一个个别的或特殊的经验事实开始推理，概括得出一个具有普遍性的结论（包括原理、原则等）的思维方法。下面给出另一个例子：归纳平面多边形（至少有 3 条边和 3 个角的平面图形）内角和的表达式。

我们首先从三角形开始。三角形是多边形里最简单的图形，它的边数和内角数都是最少的。前人已证明过三角形的内角和是 180°。下面我们来看四边形——有 4 条边的多边形。图 1.5 所示是一个四边形 *ABDC*，它已经被一条对角线分成两个三角形（三角形 *ABD* 和三角形 *ACD*）。

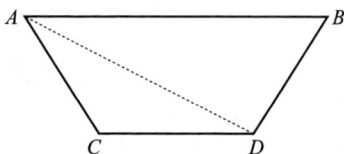

图 1.5　一个被分成两个三角形的四边形

当然，这条对角线也可以从 *B* 画到 *C*，得到的结果是一样的。我们从这个简单的例子可以发现，四边形的内角和等于两个三角形的内角和，也就是 180°+180°=360°。下面我们来看五边形。图 1.6 所示是一个五边形 *ACEDB*。

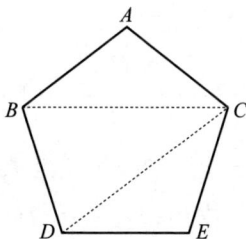

图 1.6　一个被分成 3 个三角形的五边形

从五边形的一个顶点出发作对角线，可以将五边形分为图 1.6 所示的 3 个三角形（三角形 *ABC*、三角形 *BCD* 和三角形 *CDE*），我们再次发现了一个隐藏的事实——五边形的内角和等于 3 个三角形的内角和，即 180°+180°+180°=540°。

继续这个推理过程，我们会发现六边形可以分成的三角形的个数是 4，七边形可以分成的三角形的个数是 5，八边形可以分成的三角形的个数是 6，以此类推。我们现在可以得到一个规律：一个多边形可以分成的三角形的个数是它的边数减 2。例如：从四边形的一个顶点出发作对角线，我们可以得到两个三角形，三角形的个数比它的边数少 2，即 (4-2)；从五边形的一个顶点出发作对角线，我们可以得到 3 个三角形，同样，三角形的个数也比它的边数少 2，即 (5-2)；以此类推。在三角形里，这个规律依然适用，其三角形的个数比它的边数少 2，即 (3-2)。从一个 *n* 边形（*n* 是大于或等于 3 的任意数字）的一个顶点出发作对角线，我们可以得到 (*n*-2) 个三角形。我们可以把上述规律总结成表 1.1。

表 1.1　多边形边数与其可分成的三角形个数之间的关系

多边形边数	可分成的三角形个数
3（三角形）	3-2=1
4（四边形）	4-2=2
5（五边形）	5-2=3
6（六边形）	6-2=4
7（七边形）	7-2=5
…	…
n（*n* 边形）	*n*-2

既然我们已知一个三角形的内角和是 180°，四边形的内角和就是 (4-2)×180°，五边形的内角和就是 (5-2)×180°……那么 *n* 边形的内角和就是 (*n*-2)×180°，如表 1.2 所示。

表1.2　多边形可分成的三角形个数和多边形内角和

多边形边数	可分成的三角形个数	多边形内角和
3	3-2=1	180° ×(3-2)=180°
4	4-2=2	180° ×(4-2)=360°
5	5-2=3	180° ×(5-2)=540°
6	6-2=4	180° ×(6-2)=720°
7	7-2=5	180° ×(7-2)=900°
...	...	...
n	$n-2$	180° ×($n-2$)

据此我们得到了多边形内角和的表达式：180°×(n-2)。那么我们怎么判断这个表达式是对的还是错的呢？如果这个表达式适用于有 n 条边的多边形，那么其同样适用于 ($n+1$) 边形，因为 n 可以是任何数字。在推导多边形的内角和表达式时，我们展示了 n 边形的内角和可以被表示为 180°×(n-2)。现在我们考虑一下 ($n+1$) 边形的例子。一个 ($n+1$) 边形含有 [($n+1$)-2] 个三角形。如果设 $m=n+1$，则有 [($n+1$)-2]=m-2。所以，这个多边形的内角和就是 180°×(m-2)。这个表达式和上述的 n 边形内角和的表达式是一样的，只是简单地把 n 替换成 m，由此便证明了这个表达式适用于 ($n+1$) 边形。我们现在可以确定地说刚刚的表达式是始终成立的。为什么这么说呢？因为就像多米诺效应一样，我们可以对 ($n+2$) 边形、($n+3$) 边形进行相同的推理，推理可以无止境地进行下去。

第三种证明方法被称为**反证法**。反证法即先提出一个与某论题完全相反（相矛盾）的命题，然后证明该命题为假，以确定原论题为真的间接证明方法。毕达哥拉斯定理公式 $c^2=a^2+b^2$ 中，隐含着 a 和 b 之和比 c 大的信息，即两条直角边的长度之和大于斜边的长度，或者用 $a+b>c$ 表示。证明过程如下。

（1）假设 $a+b \leqslant c$。

（2）代数式两边同时平方得 $(a+b)^2 \leqslant c^2$。

（3）展开 $(a+b)^2$ 得 $a^2+2ab+b^2 \leqslant c^2$。

（4）(a^2+b^2) 一定小于 c^2，理由是（3）中的式子多出了 $2ab$ 这项，可以看出 $a^2+2ab+b^2$ 一定比 a^2+b^2 大。总而言之，$a^2+b^2 \leqslant c^2$。

（5）但是上述结论不符合逻辑，因为我们从毕达哥拉斯定理中已知 $a^2+b^2=c^2$。

（6）由此发现，这个原始的假设 $a+b \leqslant c$ 导致了一个矛盾的结论，所以它一定是错的。

（7）那么这个结论的反面一定是正确的，即 $a+b > c$。

正如大卫·伯林斯基所说的那样，反证法是"看起来在证明一个观点正确，其实是期望通过证明这个观点的反面错误来证明它是正确的"。顺便说一句，请注意，对所有类型的三角形来说，当 c 是最长边时，关系 $a+b > c$ 也都成立，当然上述的推理过程几乎不会改变。

第一个为证明方法奠定数学基础的是欧几里得。他在埃及的亚历山大工作。他可能曾在雅典学习，在埃及统治者托勒密一世的邀请下搬到了亚历山大。据说当托勒密一世问他是否有学习几何的捷径，而不是费力翻阅他所著的《几何原本》时，欧几里得讽刺地回答："几何学里，没有专为国王铺设的大道。"欧几里得的每个证明过程都以"这证明了我们想要证明的"结尾，在罗马时期它被缩写为 QED，拉丁文全称为 Quod erat demonstrandum，意为"证明完毕"。在数学领域，这个缩写直到今天仍在使用。

古代的数学家认为不是每一个数学命题都可以被证明。当已知的方法不能证明一个命题时，这个命题就被称为猜想。一个著名的猜想就是哥德巴赫猜想。18 世纪的数学家克里斯蒂安·哥德巴赫发现每个大于 2 的偶数都可以写成两个素数（除了 1 和它自身以外不能被别的数整除的数，也称质数）之和：

$$4=2+2$$
$$6=3+3$$
$$8=3+5$$
$$10=5+5 \text{ 或 } 7+3$$
...

我们总是能用两个素数来表示一个大于 2 的偶数。迄今为止我们都假设哥德巴赫猜想是正确的，但没有人能给出让所有人都信服的证明过程。

事实上，这个猜想催生了很多研究，引发了很多有趣的发现。借助计算机，人们已经确定了哥德巴赫猜想对于非常大的数也是成立的。但是对于数学家来说这还不够——只有证明这个猜想才能够满足他们。如果真的存在这个证明，它就会涉及素数问题，正如之后将会探讨的那样，存在很多棘手的难题。大量猜想吸引了很多数学家，虽然他们无法找到证明途径，但是他们从来不会停止尝试。

证明的历史构成了数学的历史。一个命题的证明越难以捉摸，它就越吸引人，即使这个命题本身可能并没有多大意义。法国的数学家和科学家亨利·庞加莱在 1904 年提出了一个命题（也称"庞加莱猜想"），这个命题可以简化为一个陈述——任何一个内部没有洞的物体都是球体。这似乎看起来很明显，但是可能存在某些物体（真实的或猜想的）与这个陈述相矛盾。庞加莱猜想最终由俄罗斯数学家格里戈里·佩雷尔曼在 2003 年证明，他在网上发布了 400 多页的证明文档。从古代开始，证明猜想的探索一直是数学进步的主要动力，反映了人类在探索问题时多么不屈不挠。数学家大卫·韦尔斯形象地指出：

证明的作用远不止在逻辑上证实你的怀疑或猜想。证明需要灵感，灵感依靠想象力，而想象力依靠直觉，所以证明超越了琐碎平庸和常规俗套的现实，迫使人们更深入地探索数学世界——正是在探索过程中发现的东西，使证明比仅仅证实一个事实具有更大的价值。

$\sqrt{2}$ 的发现

当毕达哥拉斯定理被应用在两条直角边长度都为 1 的等腰直角三角形中时，斜边的长度就会是一个非常奇怪的数字——$\sqrt{2}$，如图 1.7 所示。

虽然我们可以从图 1.7 中看到这条斜边，但它的长度，即 1.4142135… 的位数实际上是无限的。毕达哥拉斯对自己弟子的

图 1.7　斜边长为 $\sqrt{2}$

这一发现感到非常苦恼，以至于他决定保守这个"秘密"，因为它与当时人们认为的整数世界的性质格格不入。然而无论怎样忽视它，这个数就在这里，作为斜边的长度出现在等腰直角三角形中。最终欧几里得接受了 $\sqrt{2}$ 的合理性，将其标记为**无理数**（非有理数）。有理数可以被表示为两个整数的比值（分数）形式。当用小数表示有理数时，有理数总是在（小数点后的）有限位数后终止或者一遍又一遍重复相同的数字序列：

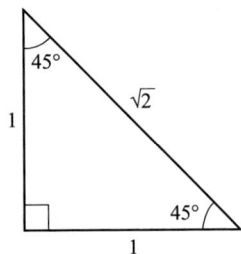

比值	十进制小数
3/1	3.0
3/4	0.75
6/5	1.2
15/21	0.714285（无限循环小数）
…	…

$\sqrt{2}$的数学表达式不符合上述规律。那么应该如何归纳这样的数呢？首先要做的就是证明它不是有理数。欧几里得首先注意到，有理数的一般形式是p/q，q不能等于0（这将在后面讨论）。对于整数而言，分母q始终是1——举几个例子：4实际上就是4/1，5实际上就是5/1，等等。欧几里得证明了$\sqrt{2}$不能被写作p/q的形式。他是利用反证法证明的，即假设$\sqrt{2}$可以被写作p/q的形式。具体证明过程如下。

（1）假设$\sqrt{2}=p/q$。

（2）将（1）中的等式两边同时平方：$(\sqrt{2})^2=p^2/q^2$。

（3）$\sqrt{2}$的平方等于2，所以$2=p^2/q^2$。

（4）将（3）中的等式两边同时乘q^2，即将右边的分母q^2移到左边，得$2q^2=p^2$。

（5）p^2是一个偶数，因为它等于$2q^2$（任何一个数n乘2，结果都是偶数，因为$2q^2$是2的倍数，符合偶数的定义）。

（6）p本身也是偶数。因为正如刚才证明的那样，$p^2=2q^2$，p^2是一个偶数，而一个偶数的平方还是偶数（一个奇数的平方还是奇数），你可以随便列举偶数来验证。

（7）使用偶数的一般公式表示p：$p=2n$。

（8）将（7）中的等式代入（4）中的等式，即$2q^2=p^2=(2n)^2=4n^2$。

（9）（8）中的等式可简写为$2q^2=4n^2$。

（10）（9）中的等式可以通过等号两边同时除以2化简得$q^2=2n^2$。

（11）这说明 q^2 是一个偶数，所以 q 也是一个偶数，并且可以被写成 $2m$（为了和 $2n$ 区分），因此 $q=2m$。

（12）回到假设——$\sqrt{2}$ 是一个有理数，或者 $\sqrt{2}=p/q$，将刚刚推导的结论即 $p=2n$、$q=2m$ 代入等式，可得 $\sqrt{2}=2n/2m$。

（13）简化（12）中的等式，可得 $\sqrt{2}=n/m$。

现在，这个证明结果回到了一开始的假设上。我们可以无限重复上述的证明过程，让 $\sqrt{2}$ 等于任意两个数的比值，如此无穷无尽。这样我们就陷入了一个死循环。是什么原因导致了这个死循环呢？原因就是把 $\sqrt{2}$ 假设成 p/q 是错误的。所以欧几里得用这种方式证明了 $\sqrt{2}$ 不是一个有理数。有趣的是，可追溯至公元前 1600 年左右的"耶鲁碑（YBC 7289）"（一块泥板），证明了巴比伦人也可能意识到了无理数的存在。泥板上的内容包含 $\sqrt{2}$ 的六十进制近似值（六十进制在这里指的是分母为 60 的分数）。

$\sqrt{2}$ 的意外发现说明数学中的发现往往是偶然的。没有无理数的发现就没有现在的微积分。正如里夏德·戴德金（又译为里夏德·狄德金）那生动有力的论断所言，微积分处理的是连续的函数，而不是离散的数字。

实际应用

毕达哥拉斯定理在科学和工程学上有很多实际应用，仅是列举出来就很费时间了，所以我们在这里仅举一个例子说明，如图 1.8 所示。假如一条隧道必须从一座大山中穿过，而这条隧道的长度不能直接测量，那么利用毕达哥拉斯定理可以得到一个间接的测量方式。图 1.8 中，A 点是大山一边的某一点，B 点是大山另一边的某一点，C 点在 A 和 B 两点的右侧并且可以同时观测到 A 点和 B 点。C 点在角 ACB 成直

角（90°）的位置。连接 A 点、大山的入口 A' 点、B 点和大山的出口 B'
点，那么隧道的长度就是 $A'B'$ 的长度。

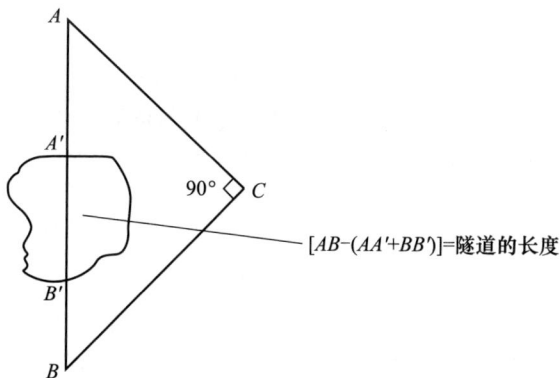

图 1.8 一个工程问题的图示

现在该问题就可以用毕达哥拉斯定理轻松解决了。

（1）测量 AC 和 BC 的长度。

（2）将值代入毕达哥拉斯定理公式，写作 $AB^2=AC^2+BC^2$。

（3）通过（2）中的等式可以得到 AB 的长度。

（4）测量 AA' 和 BB' 的长度。

（5）用 AB 的长度减去 AA' 和 BB' 的长度就可以得到 $A'B'$ 的长
度了，即 $AB-(AA'+BB')=A'B'$。$A'B'$ 的长度就是需要挖通的
隧道的长度。

如本例所示，用数学方法解决现实中的问题，是人类进化史上一项
了不起的成就。毕达哥拉斯定理让我们在实际操作前就能用数学方法解
决工程问题。随着几何学作为一门理论学科出现，古代工程师能够在人
们施工前先用数学工具描述工程中可能会遇到的问题。恰如伊恩·斯图

尔特描述的那样：

> 将几何学作为工具，古希腊人知晓了我们星球的大小和形状、
> 它与太阳和月亮的关系，甚至太阳系其他部分存在的复杂运动。
> 他们依据几何学知识从两端同时开始挖一条长隧道，在隧道中间
> 会合，这使工期缩短了一半。他们用杠杆原理等简单的知识建造
> 巨大而强劲的机器。

探索规律

毕达哥拉斯学派通过研究算术与几何的联系探索数学中的规律，并提出了一些非凡的发现，其中之一是**形数**——一种可以用几何图形展现的数字（主要是不包含 0 的自然数）。例如，平方数，如 1^2, 2^2, 3^2 和 4^2 都可以用方块的形式表示，如图 1.9 所示。

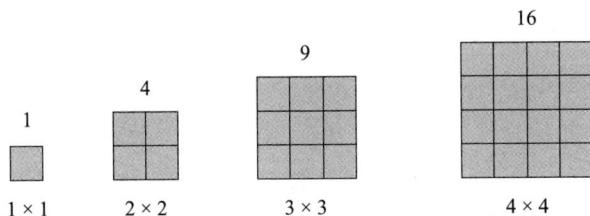

图 1.9 平方数

这种简单的相关性暗示了一个隐含的关系——每个平方数都是连续奇数的总和：

$$1=1$$
$$4=1+3$$

$$9=1+3+5$$
$$16=1+3+5+7$$
$$25=1+3+5+7+9$$
$$\cdots$$

被这种发现所吸引，毕达哥拉斯学派研究了其他的几何图形与自然数的相关性，其中之一是**三角数**，如图 1.10 所示。

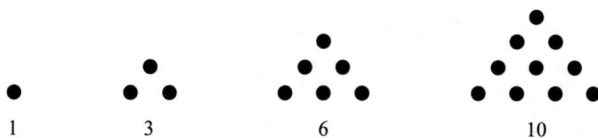

图 1.10　三角数

图 1.10 中第一个"三角形"中点的个数（称为三角数）是 1，第二个"三角形"中点的个数是 3=1+2，第三个"三角形"中点的个数是 6=1+2+3，以此类推。从中可以发现，很明显，每个连续的三角数是通过在上一个图形的基础上添加新一行（新一行的点数比上一个图形最后一行的点数多 1）获得的。由此可得第 n 个三角数是前 n 个自然数之和：

第一个三角数 =1；

第二个三角数 =3=1+2；

第三个三角数 =6=1+2+3；

第四个三角数 =10=1+2+3+4；

第五个三角数 =15=1+2+3+4+5；

第六个三角数 =21=1+2+3+4+5+6；

…………

第 n 个三角数 =1+2+3+…+n。

毕达哥拉斯学派还提出了其他许多特别吸引人的发现，其中两个是"**亲和数**"和"**完全数**"。例如，284 和 220 就是亲和数，因为它们各自所有的真因数（一个自然数除自身以外的因数，叫真因数）加在一起正好等于对方。正整数 n 的真因数是指 n 以外的除数（可以整除 n）。284 的真因数是 1,2,4,71 和 142；220 的真因数是 1,2,4,5,10,11,20,22,44,55 和 110。因此

220=1+2+4+71+142（284 的真因数之和）

284=1+2+4+5+10+11+20+22+44+55+110（220 的真因数之和）

完全数是指等于自己的真因数之和的数。例如，6 就是完全数，它的真因数是 1,2 和 3，且这 3 个数加在一起等于 6。另一个完全数是 28，它的真因数是 1,2,4,7,14，把它们加在一起可以得到 28。人们目前只发现了几个完全数。不完全数可分为"**过剩数**"和"**不足数**"。过剩数的真因数之和大于这个数本身，例如 12，它的真因数有 1,2,3,4 和 6（1+2+3+4+6=16），这些数的和超过了 12。不足数的真因数之和小于这个数本身，例如 8，它的真因数有 1,2,4，这些数加在一起是 7，小于 8。

如今人们会问，这是否只是单纯的数字游戏？事实证明，这些数被应用于数学的各个领域，并引出了后续的发现。完全数直到毕达哥拉斯学派研究数学规律时才被发现，并为其他新发现铺就了道路。欧几里得在他的《几何原本》中证明偶完全数可以被写成 $2^{n-1}(2^{n}-1)$ 的形式，前提是 n 和（$2^{n}-1$）都是素数。表 1.3 展示了自然数中的前 4 个完全数。

表 1.3　自然数中的前 4 个完全数

n	欧几里得的完全数公式	完全数
2	$2^{n-1}(2^n-1)=2^1\times(2^2-1)$	$2\times3=6$
3	$2^{n-1}(2^n-1)=2^2\times(2^3-1)$	$4\times7=28$
5	$2^{n-1}(2^n-1)=2^4\times(2^5-1)$	$16\times31=496$
7	$2^{n-1}(2^n-1)=2^6\times(2^7-1)$	$64\times127=8128$

目前还没有发现奇完全数，但是也没有人真的能证明其不存在。这是数学中的一个未解之谜。顺便一提，欧几里得的完全数公式和素数定理都涉及了素数，我们将在第 2 章中进行讨论。毕达哥拉斯学派认为完全数有神秘或神圣的意义，甚至中世纪早期希波的基督教思想家奥古斯丁也对完全数进行了研究，他在公元 413—426 年创作的神学著作《上帝之城》（*City of God*）中写道："6 是一个完美的数字，并不是因为上帝用 6 天创造了世界，而是反过来，因为 6 是完美的，上帝才用 6 天创造了世界。"

费马大定理

在丢番图的《算术》（*Arithmetica*）出版多年后，法国数学家皮埃尔·德·费马读到了这本书，他在这本书的空白处写下了几行神秘的句子（译者注：丢番图是希腊数学家，费马写下的句子用的是拉丁文）。

将一个立方数分成两个立方数之和，或者将一个四次幂写成两个四次幂之和，或者总的来说，任何高于二次的幂，分成相同

次数的两个幂之和都是不可能的。我确信自己已经找到了十分美
妙的证明方法，但是这里空白的地方太小，写不下。

费马声称（或者说确信）他可以证明只有 $n=2$ 时 $c^n=a^n+b^n$ 才成立，
即 $c^2=a^2+b^2$。在 1665 年费马去世后，他的儿子塞缪尔·德·费马公
布了他父亲的这些神秘陈述，当时他正在对他父亲尚未发表的论文进
行编目。塞缪尔很长一段时间一直在寻找他父亲提到的证明，但是没
能找到。这个陈述后来被称为费马大定理。

后来，全世界的数学家都试图对费马大定理进行证明，尽管有一
些特例被证明，但总的来说始终无济于事。德国数学家卡尔·弗里德
里希·高斯证明 $c^3=a^3+b^3$ 没有正整数解；费马证明了 $c^4=a^4+b^4$ 是无解
的；法国数学家阿德里安–马里·勒让德和约翰·狄利克雷分别独立
证明了 $c^5=a^5+b^5$ 是无解的；恩斯特·E.库默尔证明了费马大定理对
100 以内除了 37,59,67 以外的所有奇素数都是成立的。然而一直都没
有通用的证明方法出现，直到 1993 年 6 月，英国数学家安德鲁·怀尔
斯宣布他终于证明了该定理。但在同年的 12 月，其他数学家在他的证
明里找到了漏洞。1994 年 10 月，怀尔斯与理查德·L.泰勒一起填补
了这个漏洞，得到了让众人都满意的证明。怀尔斯和泰勒的证明过程
发表在 1995 年的《数学年刊》（*Annals of Mathematics*）上。

怀尔斯和泰勒的证明方法承接和修改了以前研究该问题的思想与
公式。事实上，有两个思想对于他们的证明至关重要，即椭圆曲线和
模形式理论（译者注：模形式理论是一种解析函数，属于数论的范畴，
也出现在其他领域，例如代数拓扑和弦理论。这个理论很复杂，我也
无法简单描述，因为这里"空白的地方太小，写不下"）。怀尔斯和
泰勒所用的证明方法对于费马那个年代的人来说太复杂了。费马大定
理到现在仍然困扰着一些数学家，原因很简单，怀尔斯和泰勒所用的

证明方法肯定不是费马当时能够想出来的，而是在费马所在的年代之后出现的。简单来说，怀尔斯和泰勒的证明并没有重现费马当年的工作。因此，费马留下了一个真正的数学谜团：当时他在阅读《算术》时，是否真的想出了他所谓的"简单证明"呢？是他当时想错了还是真的有其他解法？

结语

是我们发现了数学，还是我们发明了数学，然后发现了它的用途？$\sqrt{2}$ 是否藏在世界某处等待被人们发现，抑或是毕达哥拉斯定理无意间制造出了它？柏拉图相信数学思想预先存于世界，数学家只是给它们赋予了形式。就像雕刻家取了一团黏土，赋予它人的外貌，数学家也是取了一团"现实"并赋予它象征意义（数学），而真相已经在这团"现实"中了。有些人觉得这种观点带有建构主义倾向，让人难以接受。在数学范畴内，建构主义意味着构建数学思想，其目的在于向人们揭示人们想要了解的世界。

雅各布·布罗诺夫斯基的发言颇有见地：我们今天很难认识到毕达哥拉斯定理对人类的进步来说多么重要。这个定理问世之后，进入人类的意识，进而改变了世界。

毕达哥拉斯定理目前仍是整个数学领域最重要的一个定理。这话听起来相当大胆，又异乎寻常，但是它并不夸张，因为毕达哥拉斯发现了一个我们所处的空间的基本特征，并将其转化为数字形态，且他用精确的数字准确地描述了决定宇宙的法则。如果宇宙存在着不同的规律，那么这个定理将不会成立。

我们可以想象没有发现毕达哥拉斯定理的生活，毕竟它只是正式地告诉了我们凭直觉可以知道的东西——到一个给定的点，走对角线的路径比走 L 形的路径要短。但是它的发现将直觉的微芒投射到了科学之光里，令我们备受启迪。

探索

本书前言中提到过，每一章最后的部分会展示 5 个基于章内容的探索性问题，问题的答案可以在书后找到。本章问题如下。

1. 婆什迦罗第二的蛇和孔雀问题

这是印度数学家婆什迦罗第二在他的著作中设计的一个问题，其中涉及毕达哥拉斯定理的应用。

在一个 15 肘高的柱子下有一个蛇洞，孔雀栖息在柱子的顶端。孔雀看到蛇从距离洞口为柱高 3 倍长的地方出发向洞口爬行，孔雀俯身斜向下冲。如果它们相遇时各自前进了相同的距离，那么相遇点距离洞口有多少肘？（译者注：原文用的长度单位是 cubits，意为肘或腕尺，是古代长度单位，相当于前臂的长度。）

2. 阿布·瓦法的拼图问题

中世纪的波斯（今伊朗）学者阿布·瓦法设计了一个不同寻常的三角形拼图问题。

画 3 个完全相同的三角形和一个小一些的三角形，使这 4 个三角形可以拼成一个大三角形。有一个提示：小一些的三角形不一定是单独画出来的，也可以是当拼好 3 个一样的三角形后自然形成的空隙。

3. 阿波罗尼奥斯问题

这个巧妙的问题是从佩尔加的阿波罗尼奥斯遗失的笔记中发现的，并由亚历山大学派晚期的帕普斯在他的《数学汇编》（*Collection*）

一书中发表出来。这类问题同样涉及一种极具想象力的几何思维形式。

你能构造一个与平面中的 3 个圆（见图 1.11）同时相切的圆吗？

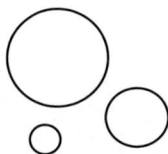

图 1.11　阿波罗尼奥斯问题

4. 测量问题

这是一个需要用毕达哥拉斯定理解决的问题。

一个矩形房间的长度是其宽度的 2 倍，房间面积是 32 平方米。有一只虫子想要从房间的左下角爬到右上角，请问虫子行进的最短距离是多少？

5. 加德纳非同寻常的三角问题

这个问题是马丁·加德纳编制的，他是 20 世纪最伟大的数学问题编制者之一。

给定一个钝角三角形（指其中一个角大于 90° 的三角形，见图 1.12），请问可以将这个三角形分成 7 个小的锐角三角形（指所有角都小于 90° 的三角形）吗？

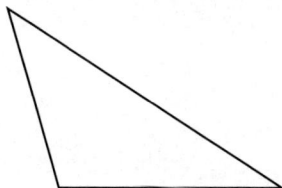

图 1.12　加德纳非同寻常的三角问题

2 素数
数学的 "DNA"

一直到今天，数学家试图寻找素数序列的规律的努力都是徒劳的，我们有理由相信这是一个我们永远也找不到答案的问题。

——莱昂哈德·欧拉

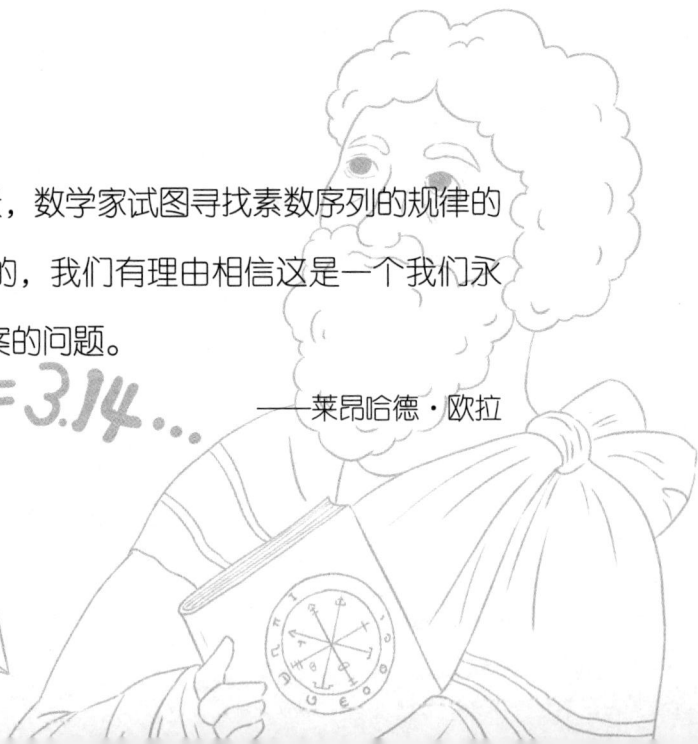

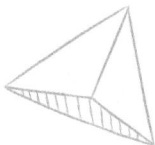

开篇

正如我们在第 1 章中所见，毕达哥拉斯学派对数学中的各种数都很好奇，他们在某些时刻一定注意到了，一些数字可以分解因数，一些则不可以 [译者注：假如 $a×b=c$（a,b,c 都是整数，但一般不讨论 0 的情况），那么称 a 和 b 是 c 的因数]。例如，12 可以分解成 $3×4=12$ 和 $2×6=12$，4 可以进一步分解成 $2×2=4$，6 可以进一步分解成 $2×3=6$。因此 12 可以分解成不能再被分解的形式：

$$12=3×4=3×(2×2)=3×2×2=3×2^2$$
$$12=2×6=2×(2×3)=2×2×3=3×2^2$$

所以 3 和 2 是 12 的质因数（也称素因数），因为它们不能再被分解了。上述分解过程展示了一个整数的基本结构，这种分解方法是数学史上的一种经典方法。毕达哥拉斯学派发现，有一些数字不能被进一步分解，但是可以组成其他数字。

毕达哥拉斯学派的成员——帕罗斯的西马里达斯将素数（也称质数）称为"直线"，因为它们只能在数轴上以一个维度（一条线段）表示，而合数，例如 6，可以用边长分别为 2 和 3 的矩形以两个维度表示。

素数，更具体的解释为，除了 1 和它本身以外，没有其他因数的数。例如，7 是一个素数，因为 7 和 1 是它仅有的因数，$7×1=7$。素数的发现对早期数学具有里程碑式的意义，是数学的"DNA"，引出了关于数学本质的基本问题。以下是其中的几个问题。

（1）由于素数的个数随着数字的变大而变少——在前 100 个整数里有 25 个素数，在 101 到 200 中有 21 个素数，在 201 到 300 中有 16 个素数，因此素数的个数是不是真的有上限呢？

（2）相差 2 的素数对被称为孪生素数，比如 5 和 7，那么一共有多少对孪生素数呢？

（3）正如在第 1 章中提到的，哥德巴赫发现所有大于 2 的偶数都可以写成两个素数之和。这个发现可以被证明吗？

（4）是否存在一个表达式，可以表示所有的素数？法国学者马兰·梅森认为他可以用表达式 (2^n-1) 来表示所有的素数。使用这个表达式确实可以表示很多素数，这类素数被称为梅森素数。但是人们也发现了很多不符合这个表达式的素数。

欧几里得曾回答了上述的第一个问题，但是出于一些原因，有些人并不认可他的答案。尽管如此，一些证据还是悄然浮现了。数学家已经证明，任意一个大于 1 的数到它的 2 倍的数之间一定至少有一个素数。例如，在 2 到 4 之间有一个素数（即 3），在 11 到 22 之间有 3 个素数（即 13,17 和 19），在 50 到 100 之间有 10 个素数（即 53,59,61,67,71,73,79,83,89 和 97）。我们可以总结出，当 n 大于 1 时，n 到 $2n$ 之间至少有一个素数。这个结论源自法国数学家约瑟夫·路易·弗朗索瓦·贝特朗的猜想，并首先由俄国数学家帕夫努季·切比雪夫证明，随后由印度数学家拉马努扬（也译为拉马努金）和匈牙利数学家保罗·埃尔德什分别证明。

本章主要讨论素数。在近几个世纪里，越来越多的图书和网站在讨论素数的问题。这里的目标是从科普和非技术的角度来讨论素数，因为它是数学领域里重要的一环,更不用说还关系到人类文明的进步。

素数的无穷性

在毕达哥拉斯学派发现素数后，随之而来的问题就是，素数是有限的吗？不，素数是无穷的。欧几里得在他的《几何原本》中设计了一种证明方法——他利用了反证法，这里将证明过程总结如下。我们先从相反的假设——素数集合 P 是有限的开始：

$$P=\{p_1, p_2, p_3, \cdots, p_n\}$$

p_n 代表最大的素数，其他符号代表按大小排列的素数序列：$p_1=2$，$p_2=3$，$p_3=5$，$p_4=7$，$p_5=11$，以此类推。我们将所有素数相乘，得到一个合数 C，C 可以整除集合 P 中的每个素数。将 C 分解质因数（这些质因数相乘得到 C），可写成

$$C=p_1\times p_2\times p_3\times\cdots\times p_n$$

这时，欧几里得产生了一个聪明的想法：如果给 C 加上 1 呢？于是我们在等式两边同时加上 1：

$$C+1=p_1\times p_2\times p_3\times\cdots\times p_n+1$$

为了方便，我们把新产生的数字称为 M，以代替 $C+1$，所以有

$$M=p_1\times p_2\times p_3\times\cdots\times p_n+1$$

很显然，M 不能被 P 中的任何素数整除，因为总会有余数 1。所以 M 要么本身就是集合 P 以外的一个素数（第一种情况），因此 M 必然大于 p_n；要么是一个合数，但是其某一质因数不在集合 P 中（第二种情况），因此 M 肯定也大于 p_n。不管哪种情况，总是存在一个比 p_n 大的素数，因此素数的个数不是有限的，而是无穷无尽的。

正如在数学史上发生的那样，欧几里得的证明过程在想象力方面为人们开辟了新的视野，鼓舞着人们探索数学世界。我们怎么确定一个数字是素数呢？素数序列是否存在一定的规律？有没有什么规律或法则可以生成且只生成素数？最早提出识别素数方法的人是古希腊地理学家和天文学家埃拉托色尼。他构造了一个 10×10 的表格，里面填充了数字 1 到 100。这个表格被形象地称为"埃拉托色尼筛子"（这种筛选方法称为埃拉托色尼筛法），如图 2.1 所示。

1	2	3	4	5	6	7	8	9	10
11	12	13	14	15	16	17	18	19	20
21	22	23	24	25	26	27	28	29	30
31	32	33	34	35	36	37	38	39	40
41	42	43	44	45	46	47	48	49	50
51	52	53	54	55	56	57	58	59	60
61	62	63	64	65	66	67	68	69	70
71	72	73	74	75	76	77	78	79	80
81	82	83	84	85	86	87	88	89	90
91	92	93	94	95	96	97	98	99	100

图 2.1 "埃拉托色尼筛子"

我们从 1 开始讨论，它既不是合数也不是素数，所以把它去掉。第一个素数是 2，我们保留它，然后去掉 2 之后间隔 1 的数字，因为 2 是它们的因数。下一个素数是 3，我们保留它并去掉所有 3 之后间隔 2 的数字，因为这些数字都有因数 3。下一个是数字 4，它已经被去掉了。再下一个是数字 5，也就是另一个素数。我们保留 5，并去掉它之后所有间隔 4 的数字，也是由于与 3 同样的原因：它们都有因数 5。我们继续这个过程，直到剩下最后一个素数——最后一个没有被去掉的数字，如图 2.2 所示。这个表格可以被看作一个筛子，能够去掉合数，留下所有素数。

"埃拉托色尼筛子"最终筛选出 25 个素数：2,3,5,7,11,13,17,19,23,29,31,37,41,43,47,53,59,61,67,71,73,79,83,89 和 97。按照这种方式，如果想筛选 1 到 10000 之间的素数，就得用 100×100 的"筛子"，工作量将是巨大的。因此，虽然这是一种独创性的识别素数的方法，但不太可行。不过，在现代计算机的帮助下，"筛子"可以无限扩展，且采用不同排列方式的数字，可以发现隐藏的素数。但就算如此，目前人们仍未找到一个识别素数的通用规律。恰如贝洛所描述的：素数是容易被定义的,但是它的分布是变幻莫测的,以至于成为数学中影响非常久远、深刻的惊奇事物。

图 2.2 "筛子"中剩下的素数

算术基本定理

在《几何原本》的第九卷中,欧几里得证明了每个(大于1的)整数都可以以唯一的方式写成若干素数的连乘积。这就是众所周知的算术基本定理。在本章的开头,我们发现数字12能以唯一的方式,通过素数2和3表示(即 3×2^2)。

为了找到一个数独有的质因数,我们首先检索那些在进行除法运算后没有余数的最小素数。举个例子,为了找到220的所有质因数,我们先用它除以2,这是其中最小素数的情况:220÷2=110。现在我们用110除以2:110÷2=55。55不能被2整除,所以我们尝试用另一个素数3来除,结果发现它也不能整除55。下一个素数是5,55÷5=11,得到的商11是一个素数。至此,我们找到了220的所有质因数：

$$220=2 \times 2 \times 5 \times 11=2^2 \times 5 \times 11$$

欧几里得的方法几乎每次都会奏效。这是第一套"算法"——按照这套算法中介绍的步骤逐步执行运算，便可以保证得到最终的结果。这套算法也是对某数自身进行因式分解的模型，因为它将运算过程分解为许多步骤，这些步骤反过来一步步地"组成"了这个数。顺便一提，数字 1 不能被归类为素数的依据是算术基本定理。如果 1 是素数，那么该定理将不成立。因为该定理指出，每个大于 1 的整数都可以分解成若干素数之积，且这种分解方式是唯一的。数字 1 可以无限地添加到任何一组质因数中。再以数字 12 及其唯一的质因数组合 $12=3 \times 2^2$ 为例。如果加入 1，那么 12 可以被分解成：

$$12=1 \times 2^2 \times 3$$
$$12=1 \times 1 \times 2^2 \times 3=1^2 \times 2^2 \times 3$$
$$12=1 \times 1 \times 1 \times 2^2 \times 3=1^3 \times 2^2 \times 3$$
$$12=1 \times 1 \times 1 \times 1 \times 2^2 \times 3=1^4 \times 2^2 \times 3$$
$$...$$
$$12=1^n \times 2^2 \times 3$$

因数 1 的 n 次方可以被加入任何数里，包括素数和合数，但是它不改变数值大小，所以不会以任何方式改变分解过程。欧几里得没有展示算术基本定理的证明过程。直到 1801 年，德国数学家卡尔·弗里德里希·高斯才在他的著作《算术研究》中给出了证明方法。这个定理的重要性是显而易见的。它断言每个大于 1 的整数要么是素数，要么是两个或两个以上的素数的乘积。欧几里得还通过这个定理发现了素数的基本性质，称为欧几里得引理，该引理源自《几何原本》第七卷中的一个命题：如果一个素数可以整除两个正整数的乘积，那么它至少也可以整除这两个正整数中的一个。

例 1

a=6=3×2，a 的质因数为 2,3。

b=10=5×2，b 的质因数为 2,5。

ab=60=6×10=3×2×5×2=3×5×2^2，ab 的质因数为 2,3,5。

结论：2 是 a,b 和 ab 公有的质因数，5 是 b 和 ab 公有的质因数，3 是 a 和 ab 公有的质因数。

例 2

a=18=3^2×2，a 的质因数为 2,3。

b=25=5^2，b 的质因数为 5。

ab=450=2×3^2×5^2，ab 的质因数为 2,3,5。

结论：2 与 3 是 a 和 ab 公有的质因数，5 是 b 和 ab 公有的质因数。

欧几里得对素数的研究，为揭示隐藏在整数中的许多规律奠定了基础；同时激励着后世数学家进行深入研究，以解决素数领域的独特问题，比如想方设法找到能找出所有素数的一般规则。

寻找素数

正如第 1 章写到的，欧几里得发现当 n 和（2^n-1）是素数时，表达式 2^{n-1}（2^n-1）可以表示所有偶完全数。例如，如果 n=2，那么 2^n-1=2^2-1=4-1=3。既然 3 是一个素数，那么我们可以将其代入欧几里得提出的表达式，得到一个完全数 6。

$$2^{n-1}(2^n-1)=2^{2-1}×(2^2-1)=2^1×(4-1)=2×3=6$$

在 17 世纪，法国学者马兰·梅森认为当 n 也是素数时，表达式（2^n-1）可能就是所有素数的一般表达式（称为梅森表达式）。我们来看几个例子。

$n=2$（素数）：$2^n-1=2^2-1=4-1=3$（素数）。

$n=3$（素数）：$2^n-1=2^3-1=8-1=7$（素数）。

$n=4$（合数）：$2^n-1=2^4-1=16-1=15$（合数）。

$n=19$（素数）：$2^n-1=2^{19}-1=524288-1=524287$（素数）。

梅森声称 $2^{31}-1$、$2^{67}-1$ 和 $2^{257}-1$ 是素数，因为 n 值 31,67 和 257 都是素数。第一个数在 1772 年被证明是素数，但是后两个数被证明都是合数。所以，使用梅森表达式虽然能够找到一些比较大的素数，但这个表达式也并不是始终成立的。1996 年，计算机程序员乔治·沃尔特曼创立了"互联网梅森素数大搜索（GIMPS）"项目，在全球召集志愿者，寻找更大的梅森素数，希望最终可以发现一种能够寻找到所有素数的算法——一个满足所有素数的表达式。

1640 年，皮埃尔·德·费马写信给梅森，建议梅森将表达式修改成 $2^{2^n}+1$。然而，用费马建议的表达式找到的素数并不多，包括 3,5,17,257 和 65537（分别为当 $n=0,1,2,3,4$ 时），而且无法确定是否会产生其他素数。在寻找通用的素数表达式的过程中，这些曲折的发展历程表明，人们必须对这些发现始终保持谨慎。正如拜勒所言，虽然它们乍一看都准确完善、万无一失，但往往存在漏洞。

一个著名的例子就是 x^2+x+41。当 x 取 0 到 39 之间的整数时，用此表达式可以得到素数，但是当 $x=40$ 时，其结果 1681 却是一个合数。

1963 年，数学家斯塔尼斯拉夫·乌拉姆在一次学术会议上无聊地涂鸦。他用数字绘制连续的螺旋线，并圈出其中的素数。随后他注意到，在螺旋线中，素数倾向于沿着竖直线、水平线和对角线聚集，如图 2.3 所示。

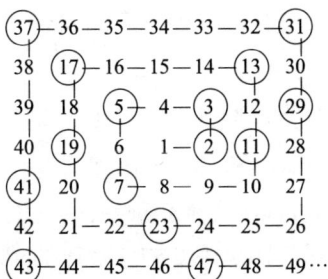

图2.3 乌拉姆素数螺旋线（称乌拉姆螺旋或素数螺旋）

当乌拉姆利用计算机编程使螺旋线上的数字推进到 65000 时，螺旋线上的素数依然遵循上述分布规律。但是对这个惊人的结果我们如何解释呢？没人能解释。不过，已经有一些科学家利用乌拉姆螺旋提出了预测素数的表达式，尽管其仍未能涵盖所有的素数。螺旋图形和素数之间的联系强烈地暗示着存在某种潜藏于事实之下的规律，它也许就隐藏在未来的某个偶然发现中，等待着理性的光芒将其照亮。

黎曼猜想

在 1859 年，德国数学家伯恩哈德·黎曼发表了一篇论文《论不大于一个给定值的素数个数》，提出了一个关于黎曼 ζ 函数复零点的猜测，后来被称为黎曼猜想。这篇论文启发了数学中许多重要的探索和发现。

在数轴上，随着数字的增大，素数的数量越来越少。黎曼认为分布逐渐稀疏的素数涉及无穷数字中的"无穷小"，在数轴上被称为"零点"，这些"零点"包含所有确定一个数字是否为素数所需的信息。到目前为止，没有出现"非平凡零点"，同时没有人能给出令所有人都信服的证明。根据以前的研究成果，黎曼觉得他可以从莱昂哈德·欧拉设计的序列中找到线索来回答他自己的问题：

$$\{1+1/2^s+1/3^s+1/4^s+\cdots+1/n^s\}$$

倒数可以被写作负指数形式，这个序列可以被转换成下面这个公式。这个序列的改写形式也被称为 ζ 函数：

$$\zeta(s)=1+2^{-s}+3^{-s}+4^{-s}+\cdots+n^{-s}$$

众所周知，找到对应输出为 0 的 ζ 函数的实际值，是找到素数通用表达式的关键。黎曼认为零点出现在复平面的某条垂直线上（第 7 章将展开讨论），这条垂直线被称为"临界线"。

黎曼猜想与一个隐藏的有趣比值有关——随着数字越来越大，素数的数量越来越少，比如 10 以内有 4 个素数，100 以内有 25 个素数。如果我们令 $p(n)$ 内有 n 个素数，那么 $p(n)$ 和 n 的比值可写作 $p(n)/n$，它是随着 n 的增加而减小的。黎曼猜想和这个比值之间的关系是很有趣的。二者之间的关系一直是困扰数学家的谜团之一。事实上，如果我们能破解素数的密码，也许就能揭示数学中许多其他的奥秘，甚至是关于现实世界的奥秘。

结语

数学家普遍认为，所有的数学问题一旦被理解，就变得不再神秘。换句话说，证明使数学问题变得简单明了，平淡无奇。但是当数学奥秘还没有被揭示的时候，对它们无止境的探索会激发数学家无穷的动力。素数就是一个例子。希腊作家阿波斯托洛斯·佐克西亚季斯在他的小说《彼得罗斯叔叔和哥德巴赫猜想》（也译为《彼得罗斯大叔和哥德巴赫猜想》）（*Uncle Petros and Goldbach's Conjecture*）中，将素数视为上帝偶然赐予人类的"启示"之一，用以考验人类的智慧，即使它值得怀疑，但一旦素数奥秘被揭示和证明，它会改变整个世界。

对素数通用表达式的探索持续进行着，从未停歇，光是列举探索过的人就能写成一部大厚书。细数在探索的过程中产生的概念和想法则更让人惊叹。例如，法国数学家索菲·热尔曼在 1825 年左右将费马大定理和素数联系起来。（译者注：索菲·热尔曼是法国的女数学家。她出身于巴黎一个殷实的商人家庭，从小热爱数学，但不为家人所鼓励。1831 年，她因乳腺癌逝世。她对费马大定理有过专门研究，证明了费马大定理的第一种情形在 p 小于 100 时成立。）如果 p 和 $2p+1$ 都是素数，那么 p 被称为热尔曼素数。开头的几个热尔曼素数如下：

p=2（素数）→ $2p+1$=4+1=5（2 是热尔曼素数）

p=3（素数）→ $2p+1$=6+1=7（3 是热尔曼素数）

p=5（素数）→ $2p+1$=10+1=11（5 是热尔曼素数）

虽然这个发现没有产生一个关于素数的表达式，但是它展示了数学如何形成一个相互关联的"网络"，串联不同思考方式和想法。

每一个想法都包含在一个系统中，并在系统中引用其他想法，由此将来自全球的想法联合起来，共同追求数学的真理。例如孪生素数，这些素数两两一组，间隔为 2，如 5 和 7、29 和 31。一共有多少组这样的素数呢？虽然答案没有被直接证明过，但是已经有一些进展。1919 年，挪威数学家维戈·布伦发现孪生素数的倒数之和收敛到一个特定的数值，即 1.902160583…现在叫作布伦常数。例如，3 和 5 是孪生素数，它们的倒数是 1/3 和 1/5。布伦数列为：(1/3+1/5)+(1/5+1/7)+(1/11+1/13)+(1/17+1/19)+…=1.902160583…。

有人可能会问，研究素数有什么普遍意义吗？其实意义早已超出研究这些数字本身为我们带来的趣味性。事实上，生物学家已经发现了周期蝉一生中大部分时间从树根中吸取汁液。但是在漫长的岁月中，大部分周期蝉只每隔 13 年或 17 年才会来到地面繁殖，而 13 和 17 正是素数。这一周期的选择可能是一种进化优势，使得周期蝉的捕食者的生命周期与周期蝉的生命周期无法同步。诸如此类的发现，可以说明研究素数的意义。

探索

1. 迪德尼素数幻方

幻方可以理解为数字的正方形排列形式，其中每行、每列和对角线上的数字加起来为相同的常数，称为幻方常数。这个问题是由英国的拼图制造商亨利·迪德尼创造的一个颇有难度的幻方谜题。（译者注：迪德尼是英国作家和数学家，精于逻辑谜题和数学游戏，是第一个变数学为娱乐活动的思维游戏专家，被誉为"英国思维游戏之父"。迪德尼设计了很多经典谜题，至今仍受到大众的喜爱和赞誉。）

你能将 1,7,13,31,37,43,61,67,73 这 9 个素数排列成一个 3 阶幻方——九宫格（见图 2.4）吗？要求每行、每列和对角线上的数字之和都是 111。注意，这里 1 被看作素数，虽然这种说法并不正确。迪德尼将 1 纳入其中，是因为需要用它来组成这个幻方。

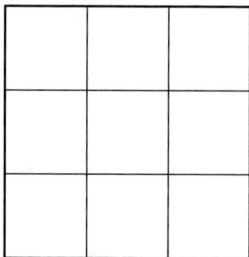

图2.4　3阶幻方

2. 求解素数

一个介于 350 和 400 之间的 3 位数，具有 3 个质因数。这个数字各个数位上的数字的和等于 12，每个数位上的数字本身是素数。请问这个素数是多少，它的质因数是多少？

3. 素数的规律

下面这些数字都是素数。它们似乎都符合同一个规律——每个数字前面加上一个 3，就会生成一个新的素数。请问这一规律能否继续保持下去？

$$31$$
$$331$$
$$3331$$
$$33331$$
$$333331$$
$$3333331$$
$$33333331$$

4. 孪生素数

回想一下孪生素数的概念，即一对相差 2 的素数。请问小于 100 的孪生素数有多少对？

5. 一个素数问题

已知一个数字小于 100。如果它加上 4，则等于它的下一个素数；如果它的下一个素数加上它自己的孪生素数，那么和为 40。你可以猜到它是多少吗？

3

0

占位符和特殊数字

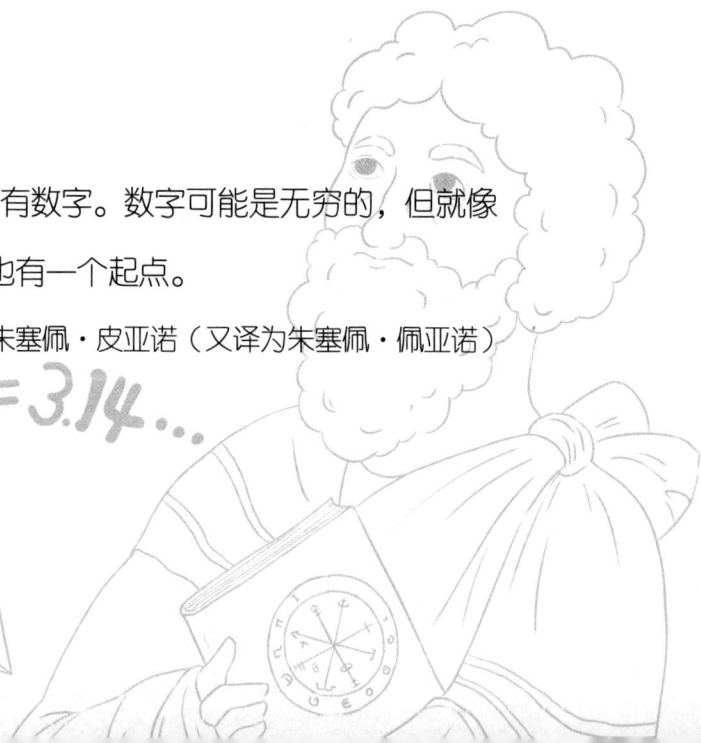

0 的前面没有数字。数字可能是无穷的，但就像宇宙一样，它也有一个起点。

——朱塞佩·皮亚诺（又译为朱塞佩·佩亚诺）

$\pi = 3.14 \ldots$

c^2　b　a

$a^2 + b^2 = c^2$

$\infty = ?$

开篇

从大约 1 世纪到 13 世纪初，数学几乎没有任何发展。这并不是因为人们才智与创造力匮乏，而很可能是受到了当时所用的罗马数字系统的阻碍。这种数字系统表示方式烦琐且低效。罗马数字系统采用 7 个具有特定数值意义的罗马字母作数字：

I =1

V=5

X=10

L=50

C=100

D=500

M=1000

这种数字系统有多难用呢？请看数字"二千二百五十三"是如何表示的：

MMCCLⅢ

和我们现在使用的"2253"相比，现在的表示方式明显更易于理解，因为现在这种表示方式的构造原理是基于十进制系统的，即每个数位上的数字表示它对应 10 的几次方的值。这就是它被称为十进制的原因。以十进制数 2253 为例，"一千"是 10^3（ $10^3=10\times10\times10=1000$ ），"一百"是 10^2（ $10^2=10\times10=100$ ），"十"是 10^1，"一"是 10^0，故 $2253=2\times10^3+2\times10^2+5\times10^1+3\times10^0$，如图 3.1 所示。

现在，让我们试着进行一个简单的算术操作，例如用罗马数字计算 2253+1337，这是它的表示方式：

MMCCLⅢ＋MCCCXXXⅦ =MMMDⅩC

无论我们对这些数字多么熟悉，使用罗马数字进行运算都是一项

2	2	5	3
↓	↓	↓	↓
二千	二百	五十	三
↓	↓	↓	↓
2×10^3	2×10^2	5×10^1	3×10^0

图 3.1　十进制数 2253 的结构

艰巨的任务。在罗马数字系统中，当一个数字由一个小数字（在左侧）和一个大数字（在右侧）组成时，那么这个数字的值是后面的大数字减去前面的小数字的值。例如，十进制数 90 的罗马数字表示方式是 XC（C 是 100，X 是 10）。显然，与简单、易懂的十进制表示方式相比，光是识别上述数字就已经非常复杂了。2253+1337 这个算术运算用十进制可表示为

$$\begin{array}{r} 2253 \\ +1337 \\ \hline 3590 \end{array}$$

　　相对于罗马数字系统，十进制系统的优越性在于它基于珠算原理，即数位上的数字表示对应的 10 的几次方的值。因此该系统需要一个符号（即占位符）代表某位上"什么都没有"，这就是数字 0，使用它可以区分诸如"11""101"和"1001"。在这里，0 代表这个位置是"空的"。

　　本章将讨论 0 的起源和它对数学的意义。它本身既是一个占位符，也是一个具体的数字：它代表一个既不是正数也不是负数的数，它既不是素数也不是合数，它还代表数轴上正数和负数的分界点，等等。0 在很多种类的数轴上表示起点，比如平面直角坐标系中的坐标轴。还有汽车里程表——用 0 代表开始，可显示汽车行驶的总里程数。一辆全新的汽车在行驶 9 千米后，里程表上的 9 将滚动成 0，而 0 左边

的滚轴将滚动成 1；当汽车行驶 99 千米后，里程表上的 99 将滚动成 00，而再往左的那个滚轴将滚动成 1，表示汽车已经行驶了 100 千米；以此类推。

古人就已经知道了 0 及其特殊性。在有关苏美尔人的数学文字记录中，0 被记作一对有倾斜角度的楔子。在古希腊，0 在公元前 2 世纪由依巴谷（又译为喜帕恰斯）引入，并用在天文学上，但奇怪的是，它并没有被引入数学中。大约在公元 357 年，玛雅人用一个带有内弧的小椭圆（像一只贝壳）代表 0。印度数学家婆罗摩笈多好像是第一个将 0 从占位符升级到数字的人，并且第一次完整给出了关于 0 的运算法则。这为负数和数轴的出现铺垫好了道路。顺便一提，英文单词 zero 是从阿拉伯语单词 sifr（或 zephyr）的拉丁文形式 ziphirum 演化而来的，它也可以翻译成梵语单词 sunya（意为空或者虚无）。将 0 用圆圈表示的这种常见做法，也许可以追溯到阿拉伯数学家花剌子米，他是第一批探讨印度人发明的十进制系统的重要性的人中的一个，自此之后，这个数字系统被称为印度–阿拉伯数字系统。

在意识到十进制系统比罗马数字系统更高效后，为阐述这一优势，中世纪意大利数学家莱奥纳尔多·斐波那契在 1202 年出版了一本关键性著作《计算之书》（曾译作《算盘书》）（*Liber Abaci*）。

斐波那契意识到，一个为"虚无"而设的符号，势必会遭受神学和哲学追崇者的嘲笑。因此，他的书从一开始就向读者保证，0 只是一个书写的标志，用于在数字书写过程中方便区分数字。

> 9 个数字是 9,8,7,6,5,4,3,2,1，还有一个符号 0——阿拉伯人称为 zephyr，可以写成任何数字。

当今世界上最常用的数字系统之一是十进制系统。它首先由印度人在约公元前 3 世纪创造，然后在公元 7 世纪上半叶传入阿拉伯地区。十进制系统在公元 900 年左右传入欧洲，但是它几乎没有引起人们的注意，直到斐波那契出版了他的著作。

负数

中国的《九章算术》中已经出现了负数的概念，刘徽在《九章算术注》中提到，可以用颜色区分正负数，红色算筹代表正数，黑色算筹代表负数。印度人在记账时用到了负数。直到 16 世纪，意大利数学家杰罗拉莫·卡尔达诺才在著作中接受负数作为方程的根。"负"（negative）源于拉丁语中的 negare（意为"否认"），这并非巧合，或许正是因为该词在使用中隐含了某种否认的含义。然而，当负数普及以后，实数系统就被扩大了，负数成为一种新的、强大的思维工具，指导着数学研究，这在负数被发现之前是不可想象的。

负数是带符号的数或向量数，它表示正数的相反数或数轴负方向上的数。这引申出了绝对值的概念——一个实数在数轴上对应的点到原点的距离，不管它是正数还是负数，在 0 的右边还是左边。实数 n 的绝对值用 $|n|$ 表示：

数字	绝对值
0	$|0|=0$
15	$|15|=15$
21	$|21|=21$
1/2	$|1/2|=1/2$
-15	$|-15|=15$

$$-199 \qquad |-199| = 199$$
$$-4/5 \qquad |-4/5| = 4/5$$

数轴是一条直线，数轴上的点可以显示实数的分布位置。它的中点是 0，负数对应的点在 0 的左边，正数对应的点在 0 的右边，如图 3.2 所示。

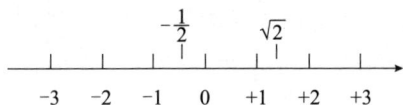

图 3.2　数轴

这条数轴可以帮助我们具体地、可视化地进行带负数的计算。数轴上的数字用 "+" 或 "−" 标注——前者是将数轴上的任意一点向右移动，后者是将其向左移动。那么两个负数相加代表什么呢？例如 −2 加上 −3。请看数轴，我们可以看到 −2 在 0 的左边且距 0 有 2 个单位，加上 −3 意味着该点要向左移动 3 个单位到 −5 的位置上。我们也可以将 −3 向左移动 2 个单位，结果是一样的。

现在考虑 +2 加上 −3 的情况。上述的方法同样适用。我们将数轴上在 0 的右边且距 0 有 2 个单位的 +2 向左移动 3 个单位到 −1 上，也可以将 −3 向右移动 2 个单位，同样移动到 −1 上。操作顺序并不会影响最终结果。这说明了一个运算定律，叫作交换律——加法中的数字可以以任何顺序相加。该定律同样适用于乘法。

例 1

$$-2+(-3)=？$$

从 −2 开始，−2 向右移动 3 个单位到 −5，所以 −2+(−3)=−5。

$$或 \quad -3+(-2)=？$$

从 −3 开始，−3 向左移动 2 个单位到 −5，所以 −3+(−2)=−5。

例 2

$$(+2)+(-3)=?$$

从 +2 开始，+2 向左移动 3 个单位到 −1，所以 (+2)+(−3)=−1。

$$或 (-3)+(+2)=?$$

从 −3 开始，−3 向右移动 2 个单位到 −1，所以 (−3)+(+2)=−1。

值得注意的是，具有较大绝对值的数 −3 决定了答案的符号。让我们来看一下这是不是一个普遍的规律。(−3)+(+6)=+3，在这里具有较大绝对值的数是 +6。我们将 0 右边的 +6 向左移动 3 个单位，终点为 +3，符合上述规律。同样，我们可以将 −3 向右移动 6 个单位到 +3 上。

那么其他数学运算呢？下面来看 (+2)×(+3)。这在数轴上代表什么操作呢？它代表将从 0 开始向右移动 2 个单位的操作重复 3 次。终点为 +6。现在来看 (−2)×(−3)，这两个数都是负数，同样也得到 +6 的结果。运算过程可以分解如下。

（1）对两个因数取绝对值，得到 |2| 和 |3|。

（2）二者相乘，结果是 |6|。

（3）那么 |6| 在数轴上 0 的哪一侧呢？

（4）|6| 在 +6 的位置上，因为算式中两个负号构成了双重否定，即得到正值。

（5）用具体的术语来说，如果一个数 −n 是负数，它乘一个正数 +m，则可以理解为"沿着同一个方向，重复移动 m 次"。因此，结果最终会落在 0 左边的某一个点上。如果它和另一个负数 −m 相乘，则可以理解为"沿着相反的方向，重复移动 m 次"，这次便会落在 0 右边的某一个点上。

上述内容的结论是什么呢？如果乘法中的两个因数的符号相同，即同为正数或同为负数，那么它们的积就是正数；如果两个因数的符号不同，那么它们的积就是负数。这个结论适用于包括分数和无理数在内的所有实数运算。在所有情况下，数轴和它中间位置的 0 都可以帮助我们区分运算结果的符号是正号还是负号。

解析几何

0 和数轴这两个概念最终促使了几何坐标的出现。法国哲学家和数学家勒内·笛卡儿凭借直觉与灵感彻底改变了数学世界。1637 年，他在《几何学》（"La Géometrie"）中具体描述了他的一个想法，该文章作为他的著作《方法论》（又译为《方法谈》《谈谈方法》）（*Discours de la Méthode*）的附录出版。他宣称数轴实际上是一种一维的表示方法，它显示了正数和负数之间的向量关系（向量就是具有大小和方向的量），以及数轴上的点与具体数字之间一一对应的关系。笛卡儿构造了两条数轴，令其互相垂直，并以 O 作为交点（发展到后来，在有些情况下也可以用 0 作为交点）。他称数轴中的横轴为 x 轴，纵轴为 y 轴，它们的交点为原点。为了纪念笛卡儿，这个系统被称为笛卡儿坐标系。现在可以将一个平面（例如一张纸）视为一个由无数点组成的系统，这些点的位置可以由两条数轴确定，称为坐标。例如图 3.3 中的点 P，它的坐标是 $(3,5)$，这意味着点 P 在 y 轴右边 3 个单位和 x 轴上方 5 个单位的位置上。

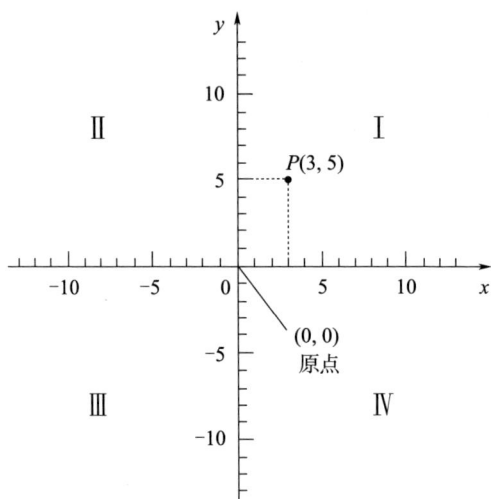

图 3.3 笛卡儿坐标系

现在可以通过这些坐标来定位平面中的每一个点。坐标的第一个数称为 x 坐标，表示在 y 轴左侧或右侧的点到 y 轴的距离。如果点在 y 轴右侧，那么它的 x 坐标就是正值，且它位于第一象限（Ⅰ）或第四象限（Ⅳ）；如果点在 y 轴左侧，那么它的 x 坐标就是负值，且它位于第二象限（Ⅱ）或第三象限（Ⅲ）。坐标的第二个数称为 y 坐标，表示在 x 轴上方或下方的点到 x 轴的距离。如果点在 x 轴上方，那么它的 y 坐标就是正值，且它位于第一象限或第二象限；如果点在 x 轴下方，那么它的 y 坐标就是负值，且它位于第三象限或第四象限。笛卡儿坐标系可用代数方法研究图形的几何性质，它的创立标志着解析几何时代的开始，并为微积分的出现创造了条件。图 3.4 展示了一些笛卡儿坐标系上的点。

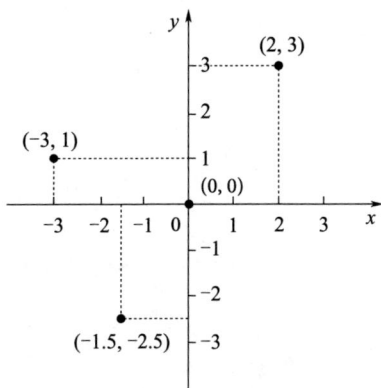

图3.4　笛卡儿坐标系上的点

有了坐标系，就可以用几何的方式表示方程了，例如方程 $x^2+y^2=4$。这个方程在坐标系中显示为什么图形呢？它显示为一个圆心在原点的圆。可将方程变换为 $y=\sqrt{4-x^2}$，这就建立了 x 和 y 之间的对应关系。它被称为函数——这一概念的一般定义由德国数学家狄利克雷首次给出。我们先来看一下它在几何中的意义。

当 $x=0$ 时：

$$x^2+y^2=4$$

$$0+y^2=4$$

$$y=\pm2 \leftarrow 两边同时开平方$$

当 $x=1$ 时：

$$x^2+y^2=4$$

$$1+y^2=4$$

$$y^2=4-1=3 \leftarrow \begin{array}{l}移动 1 到方程的另一端，\\ 需要改变符号\end{array}$$

$$y\approx1.73 \leftarrow 方程两边同时开平方$$

当 $x=-1$ 时：

$$x^2+y^2=4$$

$$(-1)^2+y^2=4$$

$$1+y^2=4$$

$$y^2=4-1=3 \leftarrow$$ 移动 1 到方程的另一端，需要改变符号

$$y \approx 1.73 \leftarrow$$ 方程两边同时开平方

当 $x=2$ 时：

$$x^2+y^2=4$$

$$2^2+y^2=4$$

$$4+y^2=4$$

$$y^2=4-4 \leftarrow$$ 移动 4 到方程的另一端，需要改变符号

$$y^2=0 \leftarrow$$ 化简

$$y=0 \leftarrow$$ 方程两边同时开平方

当 $x=-2$ 时：

$$x^2+y^2=4$$

$$(-2)^2+y^2=4$$

$$4+y^2=4$$

$$y^2=4-4 \leftarrow$$ 移动 4 到方程的另一端，需要改变符号

$$y^2=0 \leftarrow$$ 化简

$$y=0 \leftarrow$$ 方程两边同时开平方

当我们继续上述运算（见表 3.1），然后在笛卡儿坐标系中标注值，可以得到一个圆，如图 3.5 所示。

表 3.1　$y=\sqrt{4-x^2}$ 的值

x 值	0	0	1	-1	2	-2	⋯
y 值	+2	-2	+1.73	+1.73	0	0	⋯

注：y 值不为整数时，保留小数点后两位。

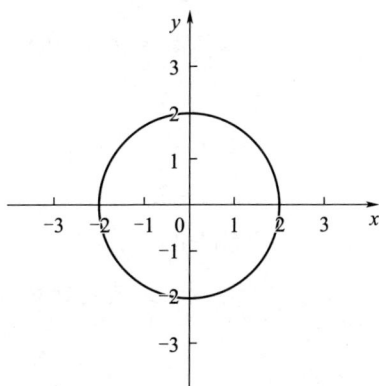

图 3.5　$y=\sqrt{4-x^2}$ 的图像

解析几何实现了毕达哥拉斯学派的梦想——将几何与代数（主要是算术）融为一体。回想一下毕达哥拉斯学派为探索几何与代数之间的关系所做的努力，他们发现了平方数、三角数（见第 1 章）等。解析几何能够让我们利用方程描述图形（或图像），也可以反过来用图形（或图像）描述方程，这在数学世界中具有重要的影响，没有它我们就无法直观地感受微积分。

0 作为除数

如果 0 不仅是一个占位符，还是一个数字，那么它必须能够参与运算。不过 0 的加、减、乘、除运算的结果与其他数字的又有所区别，尽管有区别，但它们仍具有如下规律。

加法：

$$1+0=1$$
$$23+0=23$$
$$797+0=797$$

通用表达式为 $n+0=n$

减法：

$$2-0=2$$
$$25-0=25$$
$$869-0=869$$

通用表达式为 $n-0=n$

乘法：

$$3\times0=0$$
$$41\times0=0$$
$$537\times0=0$$

通用表达式为 $n\times0=0$

但是，0 是不能作为除数的。下面的证明过程可以对这一论断进行解释。

（1）假设 $a=b$。

（2）将（1）中的等式两边同时乘 a：$a^2=ab$。

（3）将（2）中的等式两边同时减去 b^2：$a^2-b^2=ab-b^2$。

（4）将（3）中的等式两边同时提取因数：$(a+b)(a-b)=b(a-b)$。

（5）将（4）中的等式两边同时除以 $(a-b)$：$a+b=b$。

（6）既然假设 $a=b$，那么（5）中的等式可以写作 $b+b=b$。

（7）所以 $2b=b$ 或者 $2b=1b$。

（8）将（7）中的等式两边同时消去因数 b，得到 2=1。

我们证明出了 2=1，这是怎么回事？这个谬误的产生是因为我们假设 $a=b$，即 $a-b=0$。当我们将等式 $(a+b)(a-b)=b(a-b)$ 两边同时除以 $(a-b)$ 时，我们实际上是将等式两边同时除以了 0。这就通过实例引出了 0 被禁止用作除数的原因——如我们所见，0 作为除数会导致很多谬误与矛盾。数学想要自洽地延续并发展下去，0 就不能作为除数。

然而在极限理论中，0 确实可以作为除数。请看函数 $y=1/x$。在笛卡儿坐标系中，假设当 x 从右侧趋近于 0 时，y 接近正无穷大；当 x 从左侧趋近于 0 时，y 接近负无穷大。函数 $y=1/x$ 的图像如图 3.6 所示。第一象限中的曲线显示 y 如何随 x 趋近于 0 向上增大到正无穷大，第三象限中的曲线显示 y 如何随 x 趋近于 0 向下减小到负无穷大。

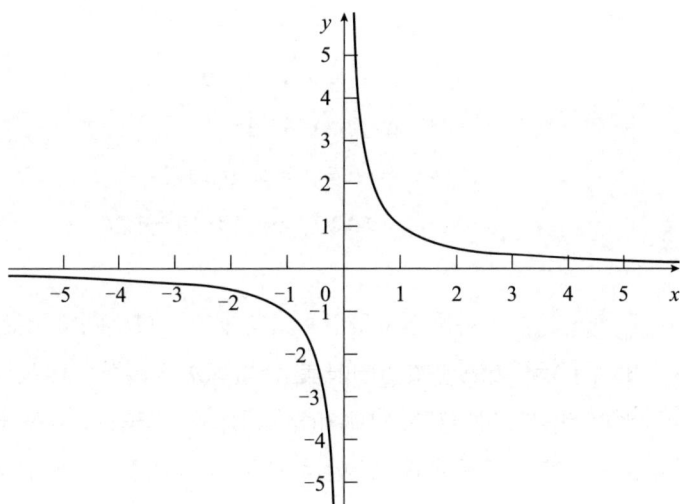

图 3.6　函数 $y=1/x$ 的图像

第一象限

令 x 从右侧趋近于 0：

$$x=4，y=1/4=0.25$$
$$x=3，y=1/3≈0.33$$
$$x=2，y=1/2=0.5$$
$$x=1，y=1/1=1$$
$$x=0.5，y=1/0.5=2$$
$$x=0.19，y=1/0.19≈5.26$$
$$...$$

结论：当 x 从右侧趋近于 0 时，y 趋向于向上增大到正无穷大。

第三象限

令 x 从左侧趋近于 0：

$$x=-4，y=1/-4=-0.25$$
$$x=-3，y=1/-3≈-0.33$$
$$x=-2，y=1/-2=-0.5$$
$$x=-1，y=1/-1=-1$$
$$x=-0.5，y=1/-0.5=-2$$
$$x=-0.19，y=1/-0.19≈-5.26$$
$$...$$

结论：当 x 从左侧趋近于 0 时，y 趋向于向下减小到负无穷大。

这个例子展示了极限的概念——这个概念对于微积分很关键，而微积分可以简单定义为研究变化率和累积量的数学理论。0 是笛卡儿坐标系中的一个点，例子中提到的函数所形成的曲线可以无限接近但是永远不能到达该点。

0 作为指数

与 0 相关的更出乎意料的发现之一，是除 0 外任意数的 0 次幂等于 1，这一发现乍一看的确非常奇怪：

$$1^0=1$$
$$2^0=1$$
$$3^0=1$$
$$4^0=1$$
$$5^0=1$$
$$...$$
$$n^0=1$$

这与指数的运算法则有关，这一点将在第 5 章进行更详细的讲解。我们先取两个具有相同指数的相同数字，并将它们相除：

$$3^5 \div 3^5$$

根据指数的运算法则，我们可以列出以下算式：

$$3^5 \div 3^5=3^{5-5}=3^0$$

但同时 3^5 除以 3^5 也等于 1，即 $3^5 \div 3^5=1$，这和两个相同的数相除等于 1 的道理是一样的：

$$5 \div 5=1$$
$$19 \div 19=1$$
$$37 \div 37=1$$
$$...$$
$$3^5 \div 3^5=1$$

既然 $3^5 \div 3^5=3^0$，我们就证明了 $3^0=1$（与同一事物相等的其他事物也彼此相等）。因此，一般来说，任意数字 n 的 0 次幂都等于 1，即 $n^0=1$。这是 0 的一个性质。那么 0^0 呢？根据上述的证明，0^0 应该也等于 1，但这不是所有数学家都同意的。因为 0 不是典型的数字。
0^0 可能的值如下。

（1）$0^0=1$（根据 $n^0=1$，$n=0$）。

（2）$0^0=0$。

（3）0^0 是未定义的。

这里要说明的一点是，0 一开始是作为数字系统里的一个占位符
而存在的，后来数学家逐渐接受它是一个数字。正如意外出现的 $\sqrt{2}$，
也许有一天人们也会找到 0^0 的理论根源。

二进制数

或许在其他地方，0 从未像它在计算机领域中那样发挥着如此重
要的作用，因为在计算机使用的二进制数中，只有 0 和 1 两个数字。
它们可以代表数字、字母和图片中的任意部分，甚至是声音。二进制
数能够成为计算机语言的原因是，在计算机中，众多晶体管通过控制
电路的通断来处理信息。电路断开对应的是数字 0，电路导通对应的
是数字 1。

我们如何读取二进制数呢？二进制数也采用位值制记数法，其
位权是以 2 为底的幂。例如，在二进制数 1101 中，最右侧的 1 代
表 1×2^0，向左一位的 0 代表 0×2^1，再向左一位的 1 代表 1×2^2，
最左侧的 1 则代表 1×2^3，如图 3.7 所示。这些数的和就是 8+4+
0+1=13，所以二进制数 1101 代表十进制数 13。

1	1	0	1
↓	↓	↓	↓
1×2^3	1×2^2	0×2^1	1×2^0
↓	↓	↓	↓
8	4	0	1

图 3.7　二进制数 1101

德国数学家戈特弗里德·威廉·莱布尼茨开发了二进制。英国哲学家弗朗西斯·培根在 1605 年就已经发明了一种使用类似数制的密码系统（被称为培根密码），该系统只有字母 a 和 b（而不是 0 和 1）。培根称它为双语字母表，如图 3.8 所示。此图为基于 24 个字母的版本，合并了 I/J 和 U/V。

aaaaa,	aaaab,	aaaba,	aaabb,	aabaa,	aabab,
A,	B,	C,	D,	E,	F,
aabba,	aabbb,	abaaa,	abaab,	ababa,	ababb,
G,	H,	I/J,	K,	L,	M,
abbaa,	abbab,	abbba,	abbbb,	baaaa,	baaab,
N,	O,	P,	Q,	R,	S,
baaba,	baabb,	babaa,	babab,	babba,	babbb
T,	U/V,	W,	X,	Y,	Z

图 3.8　培根的双语字母表

例如名字 Bacon 将会被加密为 aaaab aaaaa aaaba abbab abbaa。劳伦斯·德怀特·史密斯对培根密码的研究有如下观察。

　　培根的一个早期崇拜者认为，培根密码是"迄今为止最巧妙的密码书写系统之一，也是最难被人为破译的"。可能培根宣称他的密码是一种"书写和阅读都不费力的完美密码"是一种戏谑的说法。很难想象有另一种比他的双语字母表用起来更艰深晦涩、更费时费力的密码了。这种密码必须用两种不同的字体印刷，两种字体之间的差别几乎看不出来，所以信息一旦加密，破译工作就会变得很复杂，这不仅考验耐心，还考验眼力。

在培根之前，中国的《周易》（亦称《易经》）实际上已经体现了二进制的思想。《周易》中有六十四卦和三百八十四爻，每卦的形态（译者注：或称卦形、卦象）由两种线——虚线（－－）和实线（—）——组合构建而成，卦和爻在中国古代经常被用于占卜。莱布尼茨于 1679 年在论文《二进制算术的解释》（"Explanation of Binary Arithmetic"）中阐述了他的二进制系统。对于习惯了十进制数的我们来说，与十进制数相比，二进制数显得十分难懂。十进制数和二进制数的对比如表 3.2 所示。

表 3.2 十进制数和二进制数的对比

十进制数	二进制数	十进制数	二进制数
0	0000	11	1011
1	0001	12	1100
2	0010	13	1101
3	0011	14	1110
4	0100	15	1111
5	0101	16	10000
6	0110	17	10001
7	0111	18	10010
8	1000	19	10011
9	1001	20	10100
10	1010		

英国数学家乔治·布尔将二进制系统转译成布尔代数（又称逻辑代数），后经一些数学家改进，布尔代数成为计算机科学的重要数学工具。二进制系统仅仅利用简单的两个数字就可以表达大量信息，利用简单的"是－否"或"阴－阳"结构就可以模拟看起来非常复杂的任务。

结语

将 0 纳入数字系统中，便给数字增加了方向的概念，或称向量性。约翰·沃利斯（译者注：沃利斯是英国数学家，他是最先把圆锥曲线当作二次曲线加以讨论的人之一。沃利斯的主要著作有《论圆锥曲线》《无穷算术》《代数》等）在其 1685 年出版的著作《代数》中将 0 作为一个符号，从而将数字分成两类——正数和负数。正因如此，他改变了后来的数学史。贝洛对这一事实描述如下。

> 沃利斯在数轴中用位置的概念代替了数量的概念，主张负数既不是无用的，也不是荒谬的。尽管用了很多年时间，他的想法才得以进入主流视野，但现在回想起来，他提出的数轴无疑是有史以来最成功的解释性图形。它有数不尽的实际应用：从图表到温度计。如果没有这样一条数轴，人们将很难理解负数的概念。

没有 0 和负数，数学便不能成为一个强大的工具。但是，我们已经看到，作为一个特殊的数字，0 在数学系统中引起了"故障"，例如 0 作为除数时的谬误。但是错误本身往往是新想法的来源。数学已经表明，并非一切都可以像毕达哥拉斯所希望的那样完美无瑕、富有规律。

探索

1. 一个矛盾

思考以下证明。

（1）已知 $a=b+c$（$c \neq 0$）。

（2）将（1）中的等式两边同时乘 $(a-b)$：$a(a-b)=b(a-b)+c(a-b)$。

（3）结果可得 $a^2-ab=ab-b^2+ac-bc$。

（4）将（3）中的等号右侧的 ac 移到等号左侧：$a^2-ab-ac=ab-b^2-bc$。

（5）将（4）中的等式两边同时提取公因数：$a(a-b-c)=b(a-b-c)$。

（6）将（5）中的等式两边同时除以 $(a-b-c)$：$a=b$。

在（6）中，得到了 $a=b$，但是因为（1）中提到 $a=b+c$，且 $c \neq 0$，意味着 a 是不等于 b 的。你能解释为什么证明会存在矛盾吗？

2. 二进制计算

你能完成下面的二进制计算吗？

（1）1100+0111

（2）1011-1001

（3）0101×0100

3. 经典的蜗牛问题

这是一个经典问题，它是由克里斯托夫·鲁道夫编写并在 1561 年提出的一个应用了数轴方向性的问题。

一只蜗牛生活在 30 米深的井底。它白天可以向上爬 3 米，并下滑后退 2 米。晚上休息时它可以粘在井壁上，因此不会跌落到井底。请问按照这个速度，蜗牛花多少天可以到达井顶？

4. 消防员问题

这是一个经典问题，需要我们在思考时想象数字位于数轴上。

仓库失火的时候，消防员站在梯子正中间的横杆上，将水喷进着火的仓库中。1 分钟之后，消防员往上走了 3 个横杆，继续向仓库中喷水。又过了几分钟，消防员向下走了 5 个横杆，继续喷水。一个半小时之后，消防员向上走了 7 个横杆。最终大火被浇灭了，然后消防员继续往上走了 7 个横杆，到达了仓库屋顶。请问这个梯子一共有多少个横杆？

5. 迷惑性问题

这里有一个含有迷惑性信息的问题。在尝试解答之前，请仔细思考 0 的性质。

你认为前 10 个非负整数的乘积是在 100 到 1000 之间还是大于 1000？

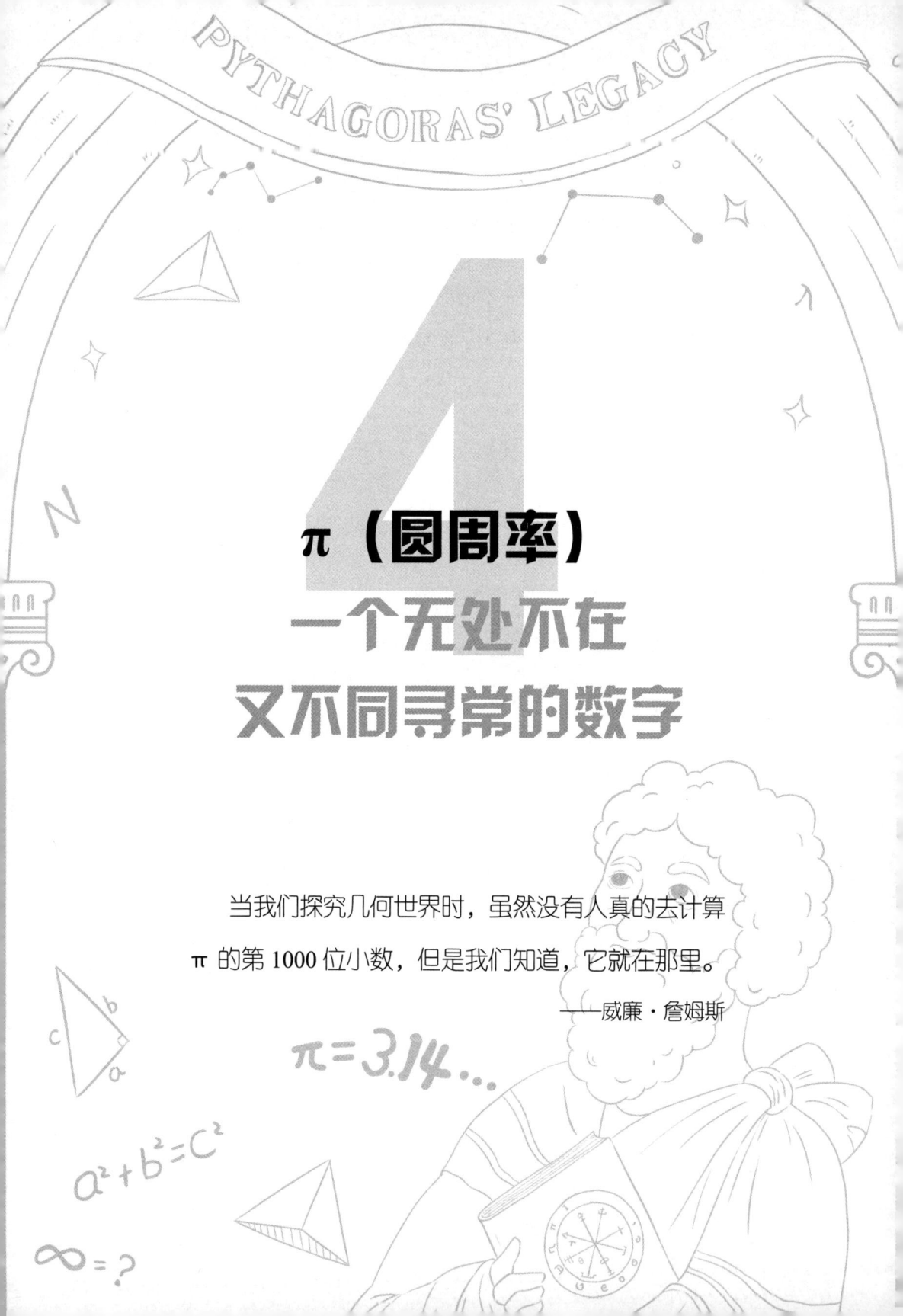

π（圆周率）

一个无处不在又不同寻常的数字

当我们探究几何世界时，虽然没有人真的去计算 π 的第 1000 位小数，但是我们知道，它就在那里。

——威廉·詹姆斯

$\pi = 3.14\ldots$

$a^2 + b^2 = c^2$

$\infty = ?$

开篇

在《旧约全书》中有这样一句话："他又铸一个铜海，样式是圆的，高五肘，径十肘，围三十肘。"从中我们可以看出，圆的周长和直径的比值为 3。在 1737 年，莱昂哈德·欧拉用 π 表示这个比值后，π 便被广泛地应用。在人类历史上还有许多关于 π 的记载。中国古代早有"径一周三"的记载，而古埃及人估计 π 为 3.16049。

π 的正式定义是圆的周长（C）与半径（r）的 2 倍的比值，当然，这意味着任何圆的周长都等于 π 乘半径的 2 倍：

$$C=2\pi r$$
$$\pi=C/2r$$

如果我们静下心来想一想，就会觉得这是一个惊人的发现，它告诉我们，不管圆的大小如何，其周长和直径（半径的 2 倍）的比值永远不变。这可能对如今的我们来说是显而易见的，但要把貌似显而易见的东西变得真正显而易见，就需要人们有一些天赋了。就像毕达哥拉斯定理一样，π 阐述了一个人们在实践中已经知道的东西，并赋予它一个抽象的概念，以方便人们在此基础上进一步研究和使用，而且人们也的确已经取得了极多令人难以置信的研究成果。

事实上，π 是一个无处不在的数字。它不仅可以用来计算圆的面积、球的体积、圆锥的体积，还出现在各种数学公式和函数中，比如描述钟摆运动、弦的振动的函数等。就像素数一样，它似乎成了现实组成部分中的一种元素。这确实是一个了不起的发现。本章将探讨这个神秘的数字，这也是另一个可以追溯到古代的伟大数字。

显而易见，π 的出现是人类历史上一件重要的事情。美国导演达伦·阿罗诺夫斯基的电影《圆周率》讲述了杰出的数学家马克西米利安·科恩为了寻找变幻莫测的秘密数字代码所采取的疯狂行动，这一秘密数字代码隐藏在看似随机的数字——我们熟知的以 3.1415926 开头的 π 中。实际上，在之前的 10 年间，科恩即将获得他最重要的发现——他怀疑在看似随机的数字中隐藏了与股票市场相关的信息。他认为解开谜团的关键是 π。就在科恩即将成功时，一家野心勃勃的华尔街公司开始控制金融市场，于是科恩更急于解开谜团。但在这家公司强烈的干扰下，科恩不得不放弃他的解谜事业。最终，科恩没有解开谜团，而观众也因谜团感到困惑。

就像毕达哥拉斯学派一样，阿罗诺夫斯基的电影也将 π 视为宇宙密码中的一个符号。天文学家卡尔·萨根在小说《接触》（*Contact*）中写道，宇宙的创造者在 π 中隐藏了一个信息，让我们随着时间的推移去慢慢揭开。这个数字对我们到底有什么吸引力呢？或许是因为圆是人类已知的最完美的图形？为什么 π 出现在自然和物理等众多领域中呢？ π 似乎总是在某处突然出现，提醒我们它一直就在那里，就在那里向我们发出"挑衅"，吸引我们去揭开它的奥秘。它非常像宇宙本身——随着科技的发展，我们对 π 的描述越来越复杂，它的神秘、奇妙之处也越来越多。

π 的值

在公元前 1650 年左右的古埃及手稿中，可以找到 π 的早期记载。这份手稿被称为阿默士纸草书，它是以抄写（或写作）它的古埃及僧侣阿默士的名字命名的。它亦被称作莱因德纸草书，以英国人莱因德的名字命名，他于 1858 年在埃及度假时购得该手稿。这份手稿是在埃及底比斯的一座废墟里发现的。手稿中的第 48 题与 π 相关，可以被转述为如下文字：

> 比较直径为 9 的圆与其外接的边长为 9 的正方形的面积（注：此例子没有考虑单位）。

由该题可以确定 π 的值，具体过程如下。

将一个直径为 9 的圆嵌入边长为 9 的正方形中，然后将正方形的每一条边三等分，正方形就被划分成 9（3×3）个小正方形。接着画出 4 个角处的小正方形的对角线，进而得到一个八边形，如图 4.1 所示。在此假设这个八边形的面积足够接近圆的真实面积，就可以得到直径为 9 的圆的面积的近似值。

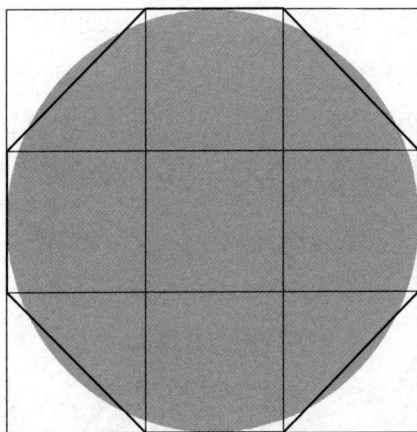

图 4.1　阿默士纸草书中提到的八边形

八边形的面积等于 5 个小正方形的面积加上 4 个三角形的面积（加起来等于 2 个小正方形的面积）。因此，八边形的面积等于 7 个小正方形的面积的和。一个小正方形的面积是 3×3=9，那么 7 个小正方形的总面积就是 9×7=63。因为圆的面积比八边形的面积大一些，为了论证方便，我们假设圆的面积为 64。圆的直径是 9，所以我们可以继续推算 π 的值：

$$圆的面积 = \pi r^2 = 64$$
$$圆的直径 = 9$$
$$圆的半径 r = 9/2$$
$$r^2 = (9/2)^2 = 20.25$$
$$\pi = 64/20.25 = 3.16049\cdots$$

虽然这不是 π 的准确值，但是已经相当接近了。此处更值得关注的其实是计算 π 所用的方法。还有一种方法和这种计算方法有惊人的相似之处，它出现在公元前 5 世纪，记载在与苏格拉底同时代的古希腊学者安提丰和赫拉克利亚城的布赖森的著作中。他们在多边形中嵌入圆，并在圆内再内接一个多边形，因此圆的周长处于两个多边形的周长之间。许多年之后，阿基米德也使用过同样的思路，但区别在于，他认为多边形的周长和圆的周长的差会随着多边形边数的增加而不断缩小，这种多边形边数增加到极限值后就变成了圆，如图 4.2 所示。

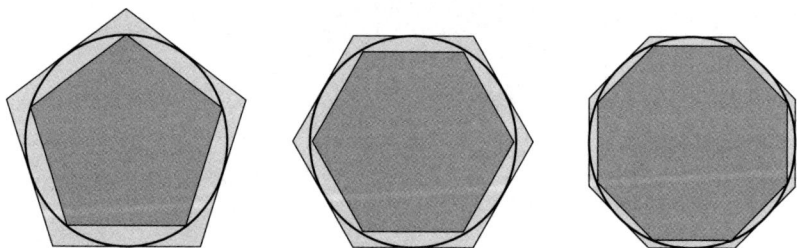

图 4.2　阿基米德计算 π 的多边形法

这种计算方法可以称为穷竭法（因为它基于一遍又一遍的重复操作）。采用这种计算方法的著名例子是中国数学家刘徽（约公元 3 世纪）用它来计算 π。（译者注：魏晋时期的数学家刘徽首创割圆术，为计算 π 建立了严密的理论和完善的算法。所谓割圆术，就是不断增加圆内接正多边形的边数求出 π 的方法。）他计算得到的较精确的 π 的值约为 3.1416，使人联想起阿基米德。

π 在几何学和工程学等中有许多实际用途，以下是一些示例（h 是高度）：

$$圆的面积 = \pi r^2$$
$$圆锥的体积 = (1/3)\pi r^2 h$$
$$球的面积 = 4\pi r^2$$
$$球的体积 = (4/3)\pi r^3$$
$$圆柱的体积 = \pi r^2 h$$
$$圆柱的侧面积 = 2\pi rh$$
$$圆柱的面积 = 2\pi rh + 2\pi r^2$$

超越数

π 是一个无理数，就像 $\sqrt{2}$（见第 1 章）一样，它不能被表示成一个简单的分数形式（p/q），它的分数近似值是 22/7：

$$\pi = 3.1415926535\cdots$$
$$22/7 = 3.1428571428\cdots$$

让我们比较 π 和 $\sqrt{2}$。后者可以在毕达哥拉斯定理（中国称勾股定理）中找到——等于边长为单位长度的等腰直角三角形的斜边长（见第 1 章）：$\sqrt{2} = \sqrt{1^2 + 1^2}$。不仅如此，它还是如下方程的一个根：

$$x^2-2=0$$
$$x^2=2$$
$$x=\sqrt{2}$$

因此，它被称为代数数。代数数的定义：满足整系数代数方程的数。整系数代数方程指方程中所有系数均为整数的代数方程，如 $x^2-2x+7=0$。π 不是代数数，也就是说，无法在整系数代数方程中找到它，因此它成为一种独特的数字，更确切地说，它叫超越数。历史上第一个证明超越数存在的是法国数学家刘维尔。（译者注：刘维尔是法国数学家，一生从事数学、力学和天文学的研究，涉猎广泛，成果丰富，尤其对双周期椭圆函数、微分方程边值问题和数论中的超越数问题有深入研究。他在数学研究中有很重要的学术贡献。）德国数学家费迪南德·冯·林德曼在 1882 年第一个证明了 π 是超越数。事实证明，超越数的数量是无限的，π 是超越数之一。

事实上，在数轴上不仅可以标记实数对应的位置（见第 3 章），超越数也有对应的位置。我们可以在数轴上标记 $\sqrt{2}$、π 和 e（e 将在第 6 章中介绍）的大致位置，如图 4.3 所示。

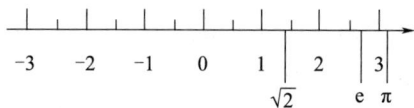

图 4.3　实数数轴

仔细想想，像 $\sqrt{2}$ 和 π 这样的数字，其实是很令人惊讶的，它们都是偶然被发现的，但是它们隐藏了很多信息。它们的发现改变了世界。如果没有这样的数字，技术、工程学、自然科学和人类智慧本身的发展将与现在大相径庭。或许卡尔·荣格的共时性——在心理学上是指同时发生的看似相关但实际没有因果关系的事件，也可以用在这里。荣格强调："当巧合以这样的方式堆积起来，人们就会不由得对它们印象深刻——因为在这样的一堆巧合中，巧合之间的关联越多，或者巧的特征越不寻常，巧合就变得越不可能。"正如荣格所说，π 这样的数字值得我们去思考它更深层次的意义。

表现形式

举个例子，有一块纸板和一根针，在纸板上画出 10 条平行线，线与线的间距略大于针的长度。如果针的长度是 40 毫米，那么两条线的间距必须大于 40 毫米，比如说可以是 45 毫米。这时，你将针抛向空中，让它随机地落在纸板上，并且随意重复操作无数次。

这样做的目的是确定针的抛掷次数和针触线次数之间的关系。如果你持续跟踪结果，会发现随着抛掷次数的增加，抛掷次数与触线次数的比也会增大，且这一比值接近 π。这被称作布丰投针问题（或布丰投针实验），它最早是由法国博物学家布丰伯爵在 18 世纪提出的。玛格丽特·维勒丁讲述了一个关于投针问题的逸事：在 1901 年，一位科学家抛掷了 3408 次针并且声称有 1085 次针触线，从而得到抛掷次数与触线次数的比为 3408/1085，与 π 相差不到 0.001。同样，如前所述，这是一个共时性事件——一个与 π 有着某种联系的事件，它偶然间现身于世，却令人类费尽全力试图去解释。与 π 有关的等式也同样存在共时性，例如：

（1）$4/\pi = 3/2 \times 3/4 \times 5/4 \times 5/6 \times 7/6 \times \cdots$

（2）$\pi/4 = 1/1 - 1/3 + 1/5 - 1/7 + 1/9 - \cdots$

（3）$\pi^2/6 = 1/1^2 + 1/2^2 + 1/3^2 + 1/4^2 + \cdots$

（1）中的等式是由约翰·沃利斯设计的，它表明 π 可由一个特定的无穷级数的项的乘积表示。（2）中的等式可以追溯到 14 世纪的印度数学家玛大瓦。17 世纪，苏格兰数学家詹姆斯·格雷戈里也发现了同样的等式，随后莱布尼茨对它进行了研究。（译者注：仔细观察就能发现，这个等式将奇数与 π 联系在一起，因此它将数论、圆联系了起来。通过这种方式，π 连接了两个看似独立的数学世界。）（3）中的等式是欧拉在 1764 年发现的。

恰如伯格伦、博温所指出的，从根本上讲，π 的魅力及其跨领域的表现正是数学本身的特征。

> 为了追寻 π 这个延续千年的主题，我们需要顺着一条贯穿数学历史的线索缓缓而行，这条线索贯穿几何学、分析学、特殊函数、数值分析、代数和数论。π 已成了一个课题，为数学家提供了很多现代数学的例子，也让他们能够清晰地感觉到历史发展的脉络。

π 的表现形式和用途数不胜数。只需几个例子就足以说明 π 在人类探索世界过程中的重要性。
- 自古以来，它就被用来研究地球和地球围绕太阳运转的轨道；
- 它可以用来发现太阳系外的行星，以及计算行星及其大气层的密度；
- 它应用于计算宇宙飞船运行轨道的公式中；
- 它可以用来发现声波和光波（都是正弦波）；
- 它可以用来计算从海浪到超声波图等各种事物的振动参数，如振幅和频率；
- 它同样被发现存在于 DNA 中，形成 DNA 双螺旋结构的重要驱动力被称为 π-π 堆积作用。

实际上，π 出现在任何具有曲率的物体（包括以某种方式扭曲成的曲面或弧形）中，如彩虹、月亮、太阳、瞳孔。它确实是一个无处不在的神秘数字，存在于从行星轨道到人的脉搏的一切事物中。就像阿罗诺夫斯基的电影所表现出来的一样，π 是揭示宇宙奥秘的关键。即便我们不能直接在生活中看到它，但它依然影响着我们生活中的一切。我们只能从与圆相关的比值、数轴上的一点等地方片面地感受到它，但是它确实无处不在。

前面一系列的讨论和说明都与数学中的简单概念——π 有关。前面所讲的关于 π 的例子再次把我们引向了人们对数学本质的争论——它是客观存在的还是主观决定的？人们尝试通过使用越来越抽象的数学工具发展"万物理论"，在金融市场中融入风险评估以规避风险，以及用生物学算法解锁基因密码。正如毕达哥拉斯学派所期待的，数学确实掌握着破解宇宙奥秘的钥匙，这个说法似乎并不牵强。是宇宙创造了数学，还是数学创造了宇宙？尽管各地的人们说着不同的语言，但是他们对数学的认知是统一的，比如 π。因此答案似乎偏向于数学在宇宙诞生之前就已经存在，而我们正在一点一点地发现它。

结语

作为解开宇宙奥秘的钥匙，π 一直吸引着人们，人们对 π 的兴趣也随着时代的发展而不断提升。如果用图形来表示几个世纪以来人们求得的 π 的近似值，可以看出它们小数的位数是呈指数增长的，如图 4.4 所示。

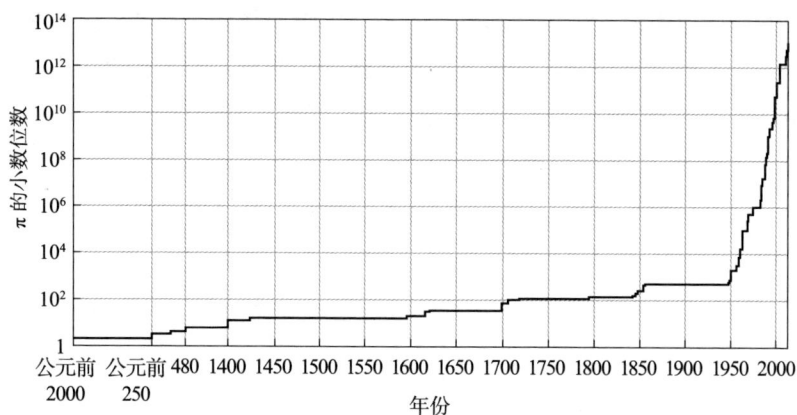

图 4.4　不同时期人们求得的 π 的近似值

在 2011 年，数学爱好者近藤茂利用亚历山大·伊提供的计算程序，使用计算机将 π 计算到了令人难以置信的小数点后 10 万亿位。这台计算机用了 371 天（其中总计算时间为 191 天）才完成输出。

π 甚至有自己的崇拜者，他们会庆祝圆周率日，圆周率日被定在 3 月 14 日（这一日期象征 3.14），这一天同样是阿尔伯特·爱因斯坦的生日。最早的圆周率日庆祝活动是 1988 年在旧金山科学博物馆举办的，这是一个充满科学、艺术和人文氛围的博物馆。阿瑟·本杰明对圆周率日的庆祝活动进行了如下描述。

　　一个典型的圆周率日活动会展出和销售以数学为主题的派（译者注：此处指的是食物，如苹果派）、爱因斯坦的服装，当然还会举行 π 的背诵比赛。普通学生可以背出小数点后几十位数，但是对于获胜者来说，能背出小数点后 100 多位数也并不稀奇。

首次圆周率日庆祝活动是由物理学家拉里·肖组织的，他后来被称作"π 王子"。2009 年，美国众议院通过了一项不具有约束力的决议，将每年的 3 月 14 日设定为圆周率日。π 对一些人来说还是很有吸引力的。现在甚至出现了和 π 有关的艺术，被称为 π 艺术，它涉及各种基于 π 生成的图形。

π 还激发了人们设计出颇具创意的速记口诀，例如发表在 1914 年的《科学美国人》（*Scientific American*）中的句子：

"See, I have a rhyme assisting my feeble brain, its tasks ofttimes resisting."

将这句英文的每个单词的字母数连起来，就可以得到 π 的小数点后 12 位数。

see	=3
i	=1
have	=4
a	=1
rhyme	=5
assisting	=9
my	=2
feeble	=6
brain	=5
its	=3
tasks	=5
ofttimes	=8
resisting	=9
	3.141592653589

当然，有趣的口诀还有很多。像这种辅助记忆的口诀被称为 π 诗。如今，人们的这种对 π 的迷恋已经如流行文化一般蔓延开。π

曾经出现在电视节目中，最初是从《星际迷航》（*Star Trek*）系列的某一集开始的。在这一集里，当角色斯波克命令一台邪恶的计算机计算出完整的 π 值时，它表示做不到，因为正如机智的斯波克所言："π 是一个无解的超越数。"《辛普森一家》（*The Simpsons*）中也有几集出现了 π。π 还出现在诸如《冲破铁幕》（*Torn Curtain*）、《网络惊魂》（*The Net*）、《暮光之城》（*Twilight*）等电影中，当然还有前面提到的阿罗诺夫斯基的电影。

诸如 π 之类的概念可能根植于我们的基因中，因为它们在不同文化和时代中普遍存在，并始终令我们着迷。虽然这些概念的存在可能早于人类意识的进化，但它们还没有被人类完全理解。恰如美国哲学家和数学家查尔斯·S. 皮尔斯所言，人类的思维"具有顺应自然的天然倾向"。人类没有认识 π 的世界是一个未开化的世界。如果人类不曾了解 π，那么我们至今也无法对太阳自转和潮汐等常见的现象有科学的认识。正如卡斯纳和纽曼所说："没有 π，我们对自然、物理、生物和化学的认知将降低至原始人的水平。"

探索

1. 涉及 π 的计算题

这是一道涉及 π 的计算题，应用的是蒙特卡罗方法。在图 4.5 中，正方形的边长是 2，圆的直径也是 2（本题忽略单位）。

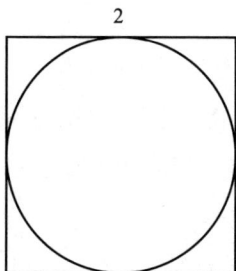

图4.5　题1图示

以下是一些关于图 4.5 的信息：

正方形的面积 = 2 × 2 = 4；

圆的直径是 2；

圆的半径是 1；

圆的面积 = $\pi r^2 = 1^2 \pi = 1\pi = \pi$；

圆与正方形的面积之比（圆的面积 / 正方形的面积）= $\pi/4 \approx$ 0.7854。

现在类比前文提到的布丰投针的方法，闭上眼睛用手拿着铅笔在图 4.5 所示的图形中随意画点。重复多次后，计算铅笔画的点落在圆内的次数和落在圆外的次数的比。请问点落在圆内的概率是多少？

2. 散步问题

这是一个简单的问题，具体说明了 π 是如何用来计算圆的周长的。

如果你在一个直径为 200 米的圆形花园中散步，恰好走了一圈，如何计算你走了多远？

3. 逆向思维

有一个被 500 米长的圆形围栏围起来的花园，你想从花园的一个门到达花园的中心，需要走多远？

4. 绳子绕圈问题

这是一个涉及 π 的应用的有趣问题。

一条绳子可以完美地将一个圆形物体围两圈,也就是说绳子的长度正好是物体周长的两倍,而物体的直径是 14 厘米。请问这条绳子有多长?

5. 毕达哥拉斯定理与 π

这是一个需要同时使用毕达哥拉斯定理和 π 的问题。

图 4.6 所示的两条半径 *AO* 和 *BO* 相交形成直角,这样形成的直角三角形的斜边 *AB* 的长度是 9 厘米。请问圆的周长是多少?

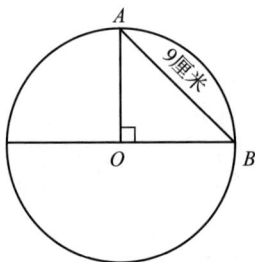

图 4.6　计算圆的周长

5

指数

符号和发现

我可不会投票反对乘法表这一真理。

——詹姆斯·A. 加菲尔德

$\pi = 3.14\ldots$

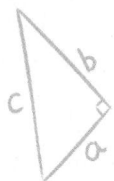

$a^2 + b^2 = c^2$

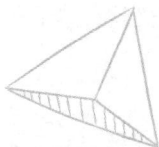

$\infty = ?$

开篇

请思考这个乘法算式：$10 \times 10 \times 10 \times 10 \times 10 \times 10 \times 10 \times 10 \times 10 \times 10 \times 10 \times 10 \times 10 \times 10 \times 10 = ?$

这么一看，光是读出这个算式就很费劲了，更别说计算结果了。有没有更简洁的方式来表示这个算式呢？随着指数的发明，这一问题得到了解决。指数被用作一种速记方式，可记录相同数字连乘多次的烦琐乘法，比如上面的算式就可以写成 10^{15} 的形式。其中，上标 15 就是指数，代表数 10 作为因数被重复乘了 15 次，如此便大大减少了书写算式的工作量。

采用指数形式不但节省空间，而且易于阅读，这对于书写庞大的或重复相乘次数更多的数更为重要。googol 这个词是由美国科学家爱德华·卡斯纳引入的，表示 10^{100}，据说是由他 9 岁的侄子发明的。写一个 1 后面跟了 100 个 0 的数，直接写的话，不但占地方，而且费时、费力，但是应用 10^{100} 这样的形式，我们就可以直观地看到这个数: googol=10^{100}=10 000 000 000 000 000 000 000 000 000 000 000 000 000 000 000 000 000 000 000 000 000 000 000 000 000 000 000 000 000 000 000 000 000。

googolplex 是一个更大的数，卡斯纳定义其为 10 的 googol 次幂，或 10 自身相乘 googol 次:

$$googolplex=10^{googol}=10^{10^{100}}$$

我们都无法想象这到底代表多大的数，更别说把它用一般的数字形式完整地写出来了。事实上，人们估计，这个数的位数比已知的宇宙中粒子的数量还要多。天文学家卡尔·萨根曾经说过，写出数字形式的 googolplex 在物理上根本不可能，因为宇宙中没有足够的空间。但是，$10^{10^{100}}$ 这种简单的形式至少能让我们把它表达出来。

指数不仅仅是一种表示庞大数字的方式。它在约 16 世纪被引入以后，人们就开始了对它的性质的探索。数学家开始以抽象的方式使用指数来探索数的新性质。例如前面讨论过的，人们发现 $n^0=1$，从而丰富了对 0 的性质的认识。这同时引出了"指数的计算"，使指数拥有了自己的运算法则，如下所示。

$$n^a \times n^b = n^{a+b}$$

例如：

$$2^2 \times 2^3 = 4 \times 8 = 32$$
$$2^2 \times 2^3 = 2^{2+3} \rightarrow 2^5 = 32$$

$$n^a \times m^a = (nm)^a$$

例如：

$$2^2 \times 3^2 = 4 \times 9 = 36$$
$$2^2 \times 3^2 = (2 \times 3)^2 = 6^2 = 36$$

$$n^a \div n^b = n^{a-b} \ (n \neq 0)$$

例如：

$$5^3 \div 5^2 = 125 \div 25 = 5$$
$$5^3 \div 5^2 = 5^{3-2} \rightarrow 5^1 = 5$$

$$(n^a)^b = n^{ab}$$

例如：

$$(4^2)^3 = 16^3 = 4096$$
$$(4^2)^3 = 4^{(2 \times 3)} \rightarrow 4^6 = 4096$$

不久之后，人们由指数的运算法则引出了对数的概念——这将在本章的后面讨论。对数不仅仅是有用的记数工具，还可以用来完成复杂的运算任务。当人们出现新的灵感的时候，对数又经常会以各种意想不到的方式推动新灵感的发展。本章将会讨论指数和对数，并展示它们在数学史中的重要性。这段历史通常以符号问题为特征，这些符号曾在偶然中使新的数学概念和数学分支诞生。

指数符号

第一条与指数概念有关的记录可以追溯到 1544 年的一本书——《整数算术》（*Arithemetica Integra*），它是由德国数学家米夏埃尔·施蒂费尔所著。然而，只有勒内·笛卡儿发现了这种形式的真正意义，以及它对数学的潜在影响。

再思考一个乘法算式：$3×3×3×3×3×3×3×3×3×3×3×3×3×3×3=14348907$。如果等号左边写成 3^{15}，则该算式更容易理解。在这种表示方法中，3 被称为幂的底数，上标 15 被称为幂的指数。指数表示底数相乘的次数。一般来说，n^m 表示任意数 n 相乘了 m 次：

$$n^m=n×n×n×n×\cdots×n（m 个因数）$$

所以 n^m 也叫 n 的 m 次乘方，而开方是乘方的逆运算。

例如我们知道：

$$4^2=16$$

或者

$$4×4=16$$

所以 4^2 的根是 4。4 就是 16 的平方根，写成 $\sqrt{16}=4$。16 的另一个平方根是 -4，因为两个负数的乘积是正数。这貌似是一个显而易见的事实，但其实不见得，因为它使人们发现了虚数，关于此我们会在第 7 章中详细讨论。符号 $\sqrt{}$ 被称为根号，它表示数字需要被开方运算。被 $\sqrt{}$ 包围的数字被称为被开方数。例如，27 的立方根可以写作 $\sqrt[3]{27}$。

古希腊人将他们认为单个词所能表示的最大的数称为 myriad，原意为"一万"，后引申为"无数"。一个 myriad–myriad 等于 1 亿。但是他们始终没有便捷的数字系统来表示大数。公元 2 世纪，中国东汉数学家徐岳的《数术记遗》中完整记载了一种简化大数的表示方式，从十到万是十进制，从万开始可用万进制，即万万为亿、万亿为兆、万兆为京等，1 亿等于 10 的 8 次方，1 兆等于 10 的 12 次方、1 京等于 10 的 16 次方。

指数运算

指数记数法的第一个特点是底数可以是除 0 以外的任意数字——可以是整数（正整数或负整数）、分数、小数等，例如：

$$(-4)^3=(-4)\times(-4)\times(-4)=-64$$

$$1^5=1\times1\times1\times1\times1=1$$

$$0.03^4=0.03\times0.03\times0.03\times0.03=0.00000081$$

为了便于说明，我们来看几个例子。

（1）两个具有相同底数、不同指数的数相乘，结果中底数不变，指数为两因数的指数之和。

$$3^4 \qquad \times \qquad 3^5$$

$$\downarrow \qquad \downarrow \qquad \downarrow$$

$$(3\times3\times3\times3)\times(3\times3\times3\times3\times3)=3^9$$

一般而言，如果 a（$a\neq0$）是任意底数，且 n 和 m 为任意指数，那么

$$a^n\times a^m=a^{n+m}$$

（2）底数相同、指数不同的两个数相除，结果中底数不变，指数为两因数的指数之差。例如 $3^5\div3^3$，结果是 3^2。

$3^5\div3^3$ 可以写成

$$\frac{3 \times 3 \times 3 \times 3 \times 3}{3 \times 3 \times 3}$$

约分得

$$\frac{\cancel{3 \times 3 \times} 3 \times 3 \times 3}{\cancel{3 \times 3 \times 3}}$$

因为 $3 \times 3 = 3^2$，所以 $3^2 = 3^5 \div 3^3 = 3^{5-3}$。

算式 $3^5 \div 3^3 = 3^{5-3}$ 对应的通用表达式为

$$a^n \div a^m = a^{n-m} (a \neq 0)$$

（3）除 0 以外的任何数的 0 次幂都等于 1。这一结论的证明过程很简单。以 3^5 为例，让它除以它自己，从下面的算式中可以看出，得到的结果当然是 1。

$3^5 \div 3^5$ 可以写作

$$\frac{3 \times 3 \times 3 \times 3 \times 3}{3 \times 3 \times 3 \times 3 \times 3}$$

因此结果为 1。

我们知道 $3^5 \div 3^5 = 3^{5-5} = 3^0$。它遵循等量代换思想，因此 $3^0 = 1$。算式 $3^0 = 1$ 对应的通用表达式为

$$n^0 = 1 \ (n \neq 0)$$

（4）一个数的负数次幂等于它的倒数。请看 $1/3^3$ 这个分数，我们已知除 0 以外的任何数的 0 次幂都等于 1，所以我们可以将 1 替换为 3^0，得

$$3^0/3^3$$

结果为 3^{0-3} 或者 3^{-3}，因此得证，结果确实是 $3^{-3}=1/3^3$。算式 $3^{-3}=1/3^3$ 对应的通用表达式为

$$a^{-n}=1/a^n（n\neq0）$$

指数运算还有许多其他运算法则，我们目前不需要了解。上述讨论旨在表明指数不仅是一种简化数的乘法运算书写过程的方式，在它出现后，数学还有了一套新的运算法则，这一运算法则对于计算庞大数字是必不可少的。此外，指数记数法扩展了代数的研究领域，引出了一些更明确的新定义，举例如下。

（1）未知数的最高次数为 1 的方程被称为一次方程，例如 $3x+1=2$, $5x+2y=2$ 等。

（2）未知数的最高次数为 2 的方程被称为二次方程，例如 $3x^2+1=5$, $5x^2+2y=5$ 等。

（3）未知数的最高次数为 3 的方程被称为三次方程，例如 $3x^3+1=6$, $5x^3+2y=6$ 等。

（4）一般来说，未知数的最高次数是 n，就称这个方程为 n 次方程。

这些知识在古代就已经为人所知，但由于当时缺乏合适的符号，高等代数的发展受到了阻碍。而新的符号为数学家提供了一种强大的描述工具，这种工具在整个数学领域都产生了影响。还有一个与此相关的更有趣的发现，即与指数相关的指数函数。这类函数的表达式是 $y=a^x$（a 是不等于 1 的正数），如 $y=2^x$。将这类函数绘制到笛卡儿坐标系中，会发现图像是抛物线，如图 5.1 所示。

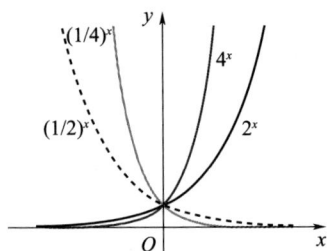

图 5.1　指数函数的例子

　　指数函数能应用在很多地方，从计算复利到计算植物生长的过程。它们也被用于放射性碳测年方法——一种对于考古学来说非常重要的方法。

帕斯卡三角形

　　随着指数运算应用得越来越广泛，数学家开始更密切地关注某些特定的表达式。法国数学家布莱兹·帕斯卡便致力于研究表达式 $(a+b)^n$（这个表达式叫作二项式，因为它由两个单项式组成）的幂。当计算 $n = 0,1,2,3,4,5,6,7$ 时表达式 $(a+b)^n$ 的展开式的时候，他发现这些展开式有一个隐藏的规律：

$$(a+b)^0=1$$
$$(a+b)^1=a+b$$
$$(a+b)^2=a^2+2ab+b^2$$
$$(a+b)^3=a^3+3a^2b+3ab^2+b^3$$
$$(a+b)^4=a^4+4a^3b+6a^2b^2+4ab^3+b^4$$
$$(a+b)^5=a^5+5a^4b+10a^3b^2+10a^2b^3+5ab^4+b^5$$
$$(a+b)^6=a^6+6a^5b+15a^4b^2+20a^3b^3+15a^2b^4+6ab^5+b^6$$
$$(a+b)^7=a^7+7a^6b+21a^5b^2+35a^4b^3+35a^3b^4+21a^2b^5+7ab^6+b^7$$

在第一行中，$(a+b)^0$ 的值是 1；在第二行中，$(a+b)^1=a+b=1a+1b$，各项系数都是 1；在第三行中，$(a+b)^2=a^2+2ab+b^2=1a^2+2ab+1b^2$，各项系数是 1,2 和 1；以此类推。从其他项中提取出这些表达式的系数，并将它们写在各自所在的行中，就形成了帕斯卡三角形，如图 5.2 所示。

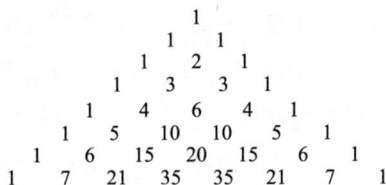

```
                    1
                  1   1
                1   2   1
              1   3   3   1
            1   4   6   4   1
          1   5  10  10   5   1
        1   6  15  20  15   6   1
      1   7  21  35  35  21   7   1
```

图 5.2　帕斯卡三角形

此时再观察，还会有更令人惊讶的发现。帕斯卡三角形包含的规律可以简要地概括如下。

（1）除了三角形顶部的 1 以外，每一行都以 1 开始，并以 1 结束。

（2）除每行两头的数字，其他数字都正好等于位于它上一行相邻的两个数字之和——例如第六行的数字 10，正好等于位于它上一行相邻的数字 4 和 6 之和。

（3）这种结构是一个无限三角形，我们可以用这种简单的规则无限地生成新的数字。

（4）正如艾萨克·牛顿所言，每个二项式展开式中各项的系数都对应着帕斯卡三角形中相应的行。比如 $(a+b)^4$，展开式为 $a^4+4a^3b+6a^2b^2+4ab^3+b^4$，各项的系数 1,4,6,4,1 与帕斯卡三角形中的第四行（不包括顶部的 1，本段下同）数字一致。类似地，$(a+b)^5= a^5+5a^4b+10a^3b^2+10a^2b^3+5ab^4+b^5$ 中各项系数 1,5,10,10,5,1 和帕斯卡三角形中的第五行数字一致；$(a+b)^6$ 的各项系数与帕斯卡三角形中的第六行数字一致；等等。

（5）帕斯卡三角形中任意行（行数为 n）数字的和都是 2 的行数减一次幂，也就是 2^{n-1}。例如，第六行数字之和是 $1+5+10+10+5+1=32$，即 2 的 5 次幂。

这个非同一般的三角形还隐藏了很多规律。为了保证历史表述的严谨，应该提到的是，帕斯卡三角形出现前，在中国人朱世杰写于 1303 年的著作《四元玉鉴》（译者注：朱世杰最重要的著作，全书共 3 卷，分 24 门、288 问，书中的所有问题都与求解方程或方程组有关，介绍了朱世杰在多元高次方程组的解法"四元术"、高阶等差级数求和和"招差法"等方面的研究成果）中已给出这种形式的二项式系数图表。没有证据证明帕斯卡是否读过这部书——这引出了关于指数发现的最神秘的谜团之一。为什么世界上不同地区和不同年代的人能够提出相似的想法？恐怕这个问题没有真正的答案，人们只能继续观察。为了阐释帕斯卡惊人的发现，所罗门对此进行了相应的评论。

公平地说，帕斯卡并没有声称自己发明了这一三角形。他当然也没有以自己的名字命名它。实际上他只是把它称为"算术三角形"，并用它来计算概率。

[译者注：对于帕斯卡三角形，中国古代研究较早且具有传承。北宋数学家贾宪在约 11 世纪首先使用"贾宪三角"进行高次开方运算。13 世纪南宋数学家杨辉在《详解九章算法》（1261 年）里讨论了这种形式的数表，并用杨辉三角形解释二项式系数和的乘方规律。元朝数学家朱世杰在《四元玉鉴》（1303 年）中扩充"贾宪三角"成"古法七乘方图"。近年来国外也逐渐承认这项成果属于中国，所以有些书上称这是"中国三角形"。其实，中国古代数学曾经有自己光辉灿烂的篇章，而杨辉三角形的发现就是具有代表性的一例。]

对数

指数是对数的灵感来源，对数同样应用于数学、自然科学等多个领域中，并带来了许多发现。一个数的对数是另一个对应数（称为底数，通常是 10）的指数。

如果 $n^x=a$（n 是不等于 1 的正数），那么以 n 为底，a 的对数就是 x，简单来说，可表示为 $\log_n a=x$。例如，$10^3=1000$，那么 $\log_{10} 1000=3$。

为了更好地了解对数的用途，我们假设计算任意前几代亲代的数量。我们有父母，所以第一代亲代有两个人，这可以表示为 $2^1=2$。我们的父母又各有父母，因此第二代就有 $2 \times 2=2^2=4$ 个亲代。这 4 个祖父母又各有父母，所以第三代就有 $2 \times 2 \times 2=2^3=8$ 个亲代。以此类推，那么我们往上数多少代有 1024 个亲代呢？这个问题可以改写成：当 n 是多少的时候，$2^n=1024$？我们可以通过把 2 自乘多次，直到得到 1024 来寻找答案。但是如果我们知道 $\log_2 1024=10$，因为 $2^{10}=1024$，我们就可以更高效地回答这个问题。这个式子告诉我们，往上数 10 代，我们有 1024 个亲代。请注意，在这种情况下，底数不是 10 而是 2。

对数的发明可以追溯到英国数学家约翰·纳皮尔，他在 1614 年出版的著作《奇妙的对数表之说明》（又译作《奇妙的对数规律的描述》）（*Mirifici Logarithmorum Canonis Descriptio*）中设计了对数表，给出了数字计算的简化方法，并创造了 logarithm（对数）一词。该词是结合希腊语单词 lógos（意为言语、逻辑、理性等）和 arithmos（数字）而创造的。在这本书中，纳皮尔展示了计算对数的操作可以变得多么简便，因为每个数都可以用一个对数值表示，并且所有对数值都可以包含在一个表中。例如，将任意两个数相乘。

（1）在对数表上找到它们的对数值。

（2）将两个对数值相加。

（3）在反对数表中查找对应的值（对应的反对数值就是我们要求的计算结果）。

1624 年，英国数学家亨利·布里格斯将对数表中的对数改成了以 10 为底数的对数。布里格斯对纳皮尔方法的改进和革新，促使对数的概念被广泛地接受。

对数的发现在数学领域内掀起了新一轮的研究浪潮。其中应用最广泛的就是"对数尺度"。最有名的一个现代的例子是里氏震级，它是用来度量地震规模的大小的，由查尔斯·里克特在 1935 年发明。里氏震级展示了如何用对数度量地震的震级。对数的应用还有其他例子，包括描述声音强度的大小（以分贝为单位）和描述酸碱度的 pH。值得注意的是，所有的这些发现和应用都是在指数发明之后出现的。符号和排列方式（如帕斯卡三角形的布局）可以展示出隐藏在表象之下的更多信息。通过重新思考这些隐藏的信息，我们揭示了更多的奥秘，这在以前几乎是不可能做到的。

结语

几乎所有的数学知识都是由象征性的符号表示的。毕达哥拉斯定理的方程 $a^2+b^2=c^2$ 本质上与"斜边的平方等于两直角边的平方的和"这句话表达了相同的意思。这个方程去掉了句子的语义，只留下信息的结构（即符号）。正是这一特征，使符号在认知上具有强大的力量。除了最初的几何意义外，我们现在可以从符号表达式中发掘更多的意义，对符号进行更多的应用。例如，我们现在可以探究哪些整数可以使表达式 $c^n=a^n+b^n$ 成立。通过对这些符号本身的研究，在使它们脱离最初的几何意义之后，人们便会产生更多数学方面的思考，而这些思考促进了诸如费马大定理之类的有趣想法的诞生。换句话说，符号可以使人们联想到原本无法用语言等方式准确表达的含义。

古人没有指数记数法，所以他们通过其他有效方式来完成同样的事情。阿基米德在《数沙者》（*The Sand Reckoner*）中，用间接的方式讨论了幂的概念，但这并没能启发他发明出类似指数和对数之类的运算。

探索

1. 平方数

这是一个棘手的问题，涉及指数。

找到 3 个小于或等于 10 的数，使它们的平方数加在一起等于 150。

2. 指数运算

这是一个计算年龄的问题，需要进行指数运算。

亚历山大深爱他的祖母，他祖母的年龄介于 50 到 100 岁，可以被 8 整除，祖母的每个儿子都有和他们的兄弟数量一样多的儿子（即祖母的孙子）。祖母的儿子和孙子的总数等于她的年龄。请问祖母的年龄是多少岁？

3. 关于世代的对数问题

前文提到了用对数计算 1024 个亲代所属的世代。请用同样的方法计算往上数到哪一代，有 256 个亲代。

4. 一个难题

这是一个曾在互联网上流传的难题。你能计算 $\sqrt{x+15} + \sqrt{x} = 15$ 中 x 的值吗？

5. 指数的运算法则

这是一个简单的探索性问题，可以让你回顾本章讨论的有关指数的运算法则，请计算下面 4 个等式中未知数 n 的值。

（1）$2^n \times 2^{12}=32768$

（2）$3^7 \times 2^n=279936$

（3）$5^n \div 5^5=25$

（4）$(9^2)^n=81$

6

e

一个非常特殊的数字

你可能想象不到，计算对数表是一件多么有诗意的事情。

——卡尔·弗里德里希·高斯

开篇

正如第 4 章所述，π 是一个超越数，另一个非常重要的超越数就是 e，它等于 2.71828…。关于这两个数字的关系和重要性，伊恩·斯图尔特是这样说的：

> e 是数学中出现的奇怪又特殊的数字之一，它具有非常重要的作用；另一个这样的数字是 π。这两个数字只是数学的冰山一角——数学中还有很多这样的数字。它们可以说是最重要的特殊数字，因为它们遍布整个数学领域。

戈特弗里德·莱布尼茨在写给克里斯蒂安·惠更斯的书信中，提到过一个值约为 2.71828 的常数，他用 b 表示这个数。莱昂哈德·欧拉在 1731 年写给克里斯蒂安·哥德巴赫的一封信中用 e 表示这个数，然后 e 又出现在他 1736 年出版的著作《力学或运动科学的分析解说》（*Mechanica*）中。从那时起，e 就成了数学中的标准符号。e 的数学定义：当 n 趋近于无穷时，表达式 $(1 + 1/n)^n$ 表示的级数的极限值。表 6.1 给出了一些 $(1 + 1/n)^n$ 的值。

表 6.1　$(1+1/n)^n$ 的值

n	$(1+1/n)^n$	值
1	$(1+1/1)^1$	2.0
2	$(1+1/2)^2$	2.25
5	$(1+1/5)^5$	约 2.49
10	$(1+1/10)^{10}$	约 2.59
100	$(1+1/100)^{100}$	约 2.70
…	…	…
10000	$(1+1/10000)^{10000}$	约 2.71815

下面这个公式是欧拉用来确定 e 的值的公式之一。 需要说明的是，"!" 意为阶乘，即一个整数和它前面所有正整数的乘积：4!= 4×3×2×1，3! = 3×2×1，以此类推。（0 的阶乘规定为 1。）

$$e=1/0!+1/1!+1/2!+1/3!+1/4!+1/5!+1/6!+1/7!+\cdots$$

$$=1+1+1/2+1/6+1/24+1/120+1/720+1/5040+\cdots$$

$$\approx1+1+0.5+0.17+0.042+0.008+0.00139+0.000198+\cdots$$

现在，有人可能会问：这样一个数字的存在有什么意义呢？它构成了自然对数的底，而自然对数有着广泛的应用：它出现在与微积分相关的函数中，出现在各种曲线、曲面的公式中，出现在概率论和复利的计算中，存在于自然界和社会现象中，例如，放射性衰变、菌落的生长、各种流行病患者数的变化规律、货币积累模式、许多物理现象的变化率等。尽管 e 的值曾出现在约翰·纳皮尔的关于对数的书（见第 5 章）的附录中，但第一次意识到它的数学意义的人是英国数学家威廉·奥特雷德，他将其定义为自然对数的底。这意味着什么呢？回忆第 5 章的对数：

> 将 7.389 这个数的自然对数定义为 $\log_e 7.389$，也可写成 ln 7.389，结果约为 2。

毫无疑问，这个数字具有重大的意义。本章会对 e 进行介绍，将 e 和一些其他的伟大思想联系起来，展示数学的发现如何形成一条线索——一条由跨越了时间和空间的几个伟大思想构建的线索，这些思想的表达形式和阐释蕴含于一些数学家的著作与思考之中。

数学的关联性

数字 e 与数学中的其他许多概念、公式和规律都有关联，这表明它可能是一种在数学的各知识之间建立联系的代码。 e 的另一个重要特征是它与各种无穷级数的关联，这一关联将它与数学中无穷大的概念结合起来（这将在第 8 章中讨论）。

瑞士数学家雅各布·伯努利通过研究复利问题发现了 e。他指出，当银行提供的年利率是 100% 时，每年收到的利息都会使本金翻倍；但是如果缩短计息周期，那么年末收到的利息就会比前一种方式收到的更多。伯努利估计了如果在无限小的周期内连续计息，利息将会是多少——这可以用指数函数表示。他发现，年利率将是 271.828…%（即 2.71828… ）。这就是 e 的值。不久之后，类似数值在不同领域的增长或变化问题中均有体现，包括流行病学、细菌感染研究等。顺便一提，伯努利对 e 的估计值，是将 e 视为无穷级数来考量的结果。也就是说，当一个人收到的利息越来越多时，他的投资回报就会达到一个极限值。因此，伯努利用收敛到极限的无穷级数来定义 e ——我们可以越来越接近，但永远达不到这个极限。

欧拉是第一个深入研究 e 的数学家，他在 1748 年出版的书《无穷小分析引论》（ *Introductio in Analysin Infinitorum* ）中提出了前文提到的无穷级数公式。欧拉也注意到一些有趣的现象，即现在称为指数函数的 $f(x)=e^x$ 有一些有趣的性质。 这个函数的其中一个表达式被称作泰勒级数，由英国数学家布鲁克·泰勒于 1715 年提出：

$$e^x = 1 + x/1! + x^2/2! + x^3/3! + x^4/4! + \cdots$$

$$= 1 + x/1 + x^2/2 + x^3/6 + x^4/24 + \cdots$$

关于此表达式有许多令人惊讶的发现，其中之一是表达式中的项在求微分后通常是会 "消失" 的，但这个表达式在进行微分运算后，所有项都没有"消失"。甚至无论对这个表达式进行多少次微分，这些项都无限重复。求微分是微积分中的一种运算，用来确定函数的导数，也就是体现函数图像上特定点的斜率。换句话说，导数用来度量函数值随自变量的变化而变化的情况。这个发现引出了另一个特殊的发现，这意味着 $f(x)=e^x$ 的导数是它自己，因此，$f(x)=e^x$ 的图像同样在描述 $f(x)=e^x$ 自身的变化率。图 6.1 展示了 $f(x)=e^x$ 的斜率是如何急剧上升的。

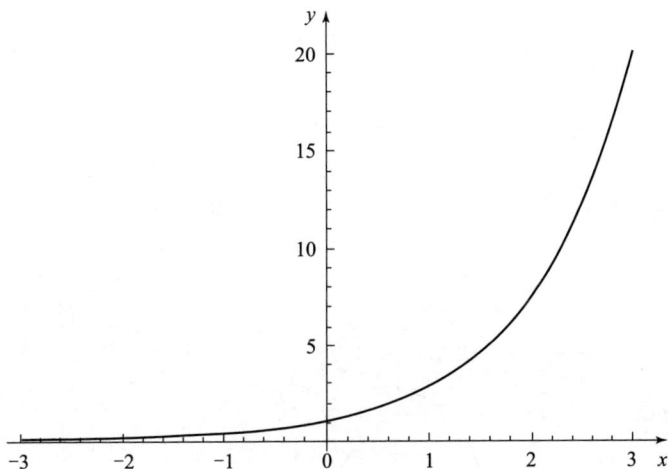

图 6.1　$f(x)=e^x$ 的图像

所以，准确来讲，如果 $f(x)=e^x$，那么 $dy/dx = e^x$（其中 dy/dx 是导数符号）。负指数函数 $f(x)=e^{-x}$ 显示了相反方向的斜率，如图 6.2 所示。从两个函数图像中我们可以直观地看到正指数函数和负指数函数之间的关系——这就是另一个惊人的发现。

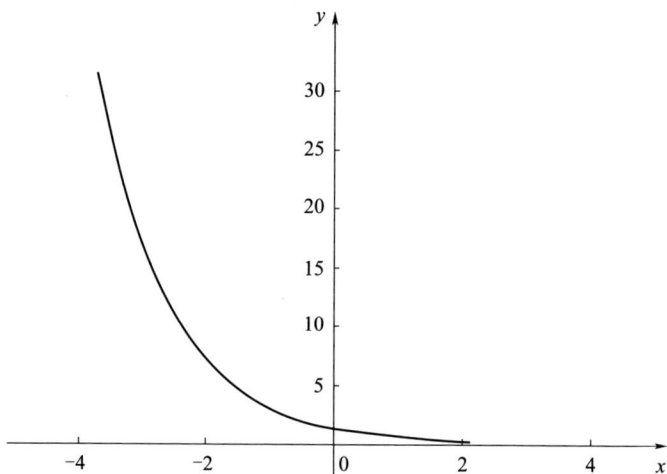

图 6.2　$f(x)=e^{-x}$ 的图像

　　e^x 的另一个神奇之处隐藏在图 6.3 所示的对数螺旋线（也叫对数螺线）中。

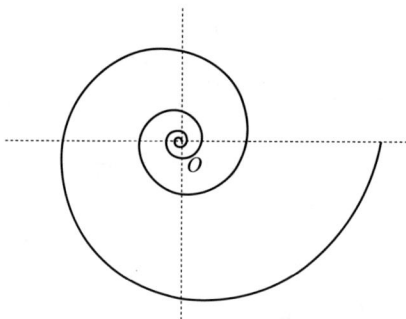

图 6.3　对数螺线

　　在这个螺旋中，图像上各点距中心 O 的距离为 $1/e^x$，其中 x 是螺旋转动的角度。可见随着 x 的增大，$1/e^x$ 减小。伯努利发现了这个奇特的性质，而且由于这种螺旋存在于自然界中，所以这是一个相当重要的发现。伯努利意外地在螺旋中发现了这一现象，因此将其称为 spira mirabilis，意为"奇迹螺旋或魔幻螺旋"——一种神奇的螺线。数学家通过研究这个图形，揭示了许多其他的奥秘。其实自然界中有很多具有相似数学结构的对数螺线。

伯努利对他的发现感到非常激动，他甚至想在死后也有这个发现的陪伴。然而，他犯了一个错误，弗赖伯格和托马斯对此进行了如下描述。

> 伯努利对这种自相似性非常着迷，以至于他计划在他的墓碑上刻上一条对数螺线和文字（用拉丁文写就）"虽万变而如故"，然而遗憾的是，他的墓碑上刻的却是另一种螺线，叫作阿基米德螺线，其相邻两条曲线之间的距离是相等的。唉，可怜的伯努利啊，最后装饰了他的坟墓的居然不是他引以为傲的那个图形，如果他知道这些，一定会气得转圈圈（当然，肯定也是以对数螺线的形式转）。或许最初他应该选择更简单的形状，比如值得信赖的"老牌子"三角形，就没那么多事了。

$f(x)=e^x$ 是一个特殊的函数，称为指数函数。一般而言，指数函数表达式为 $f(x)=a^x$（a 为不等于 1 的正数），即底数为常数、变量 x 为指数的函数。指数函数具有许多潜在的影响和应用，不仅应用于纯数学领域，还应用于以下领域。

（1）用于放射性的研究，如物质的放射性会以指数形式衰变。

（2）用于种群分析，例如，假设不加控制，种群（如人、动物、细胞等）中的成员数量将以与其自身成正比的速度增长。

（3）用于电气工程，如交流电理论中会使用指数函数。

各领域和指数函数之间的联系真是太神奇、太不可思议了，这表明数学和其他领域是交织的。人们还发现，对数函数出现在物理学和生物学领域。例如，生物活体组织（如皮肤）的面积、无生命的附属物（如头发、爪子）的长度和某些生理指标（如血压）等都呈对数正态分布特征。在经济学理论中，汇率的对数的变化，以及股票指数的变化也呈相同类型的分布。

欧拉公式

在使用各种指数函数的过程中，欧拉发现了一个有趣的公式，现在被称为欧拉公式，式中"i"是虚数单位（详见第 7 章）：

$$e^{i\varphi}=\cos \varphi+i \sin \varphi$$

锐角的正弦（用 sin 表示）用直角三角形来定义：它是该锐角的对边与三角形最长边（斜边）的边长的比值。余弦（用 cos 表示）是该锐角的邻边与斜边的边长的比值。上面的公式可以绘制在复平面上，如图 6.4 所示（Im 表示虚轴，Re 表示实轴）——复数将在第 7 章详细介绍。

在三角学中已知：

$$\sin \pi = 0$$
$$\cos \pi = -1$$

让我们用 π 替换欧拉公式中的 φ：

$$e^{i\varphi}=\cos \varphi+i \sin \varphi$$
$$e^{i\pi}=\cos \pi +i \sin \pi$$
$$e^{i\pi}=-1+(i\times0)$$
$$e^{i\pi}+1=0$$

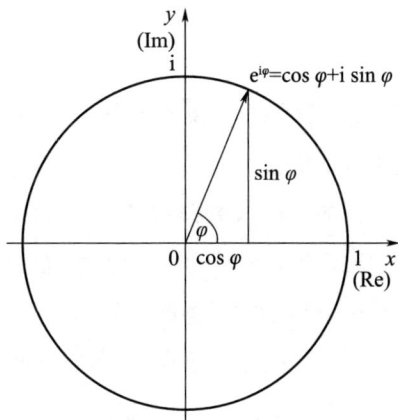

图 6.4　欧拉公式

1990 年，《数学情报员》（*Mathematical Intelligencer*）期刊对其读者进行了一项调查，该调查由数学家大卫·韦尔斯发起，要求读者对"数学中最美丽的定理"进行投票。欧拉公式以高票数当选。当然，我们很容易理解为什么数学家和数学爱好者认为它具有内在的美，因为它连接了数学中一些重要的数——e、i、π、1 和 0。欧拉公式有许多有趣和奇怪的特点，但从事实上讲，它不是传统意义上的方程，亨肖对此的描述可谓恰到好处。

通常，术语"方程"意味着可以解决的问题。比如，我们可以求解 $x + 2 = 4$ 并得到结果 $x=2$。但是欧拉公式不是这样的。这个方程没有解，它只是一个事实陈述，就像 $2 + 2 = 4$。所以，正如 $2 + 2 = 4$ 是一个事实，$e^{i\pi}+1=0$ 也是一个事实。

结语

e 是用来描述现实世界的，尤其在增长、衰减和概率等相关场景中。这一事实再次向我们提出了毕达哥拉斯学派遗留的问题：为什么数学是一种如此强大、如此出人意料的真理一样的存在？除此之外，还有一个问题，正如我们在本章中了解到的那样：为什么自然的变化会呈现对数特征，并可以用指数函数来描述？

人类社会的实际问题也受数学支配。请看下面这个例子。

银行 A 提供 100% 的年利率，一年后，1000 元变成 2000 元。银行 B 每半年支付 50% 的利息，在这种情况下，1000 元在 6 个月后变成 1500 元，12 个月后变成 2250 元。显然第二种储蓄方式对储户来说更实惠。可为什么会这样呢？

这就涉及复利的表达式，具体如下：

$$(1 + r/n)^n$$

其中：r 是年利率（用 1 而不是 100% 来表示）；n 是计息周期，即每年支付利息的次数。

在每年支付一次利息的情况下，$r=1$，$n=1$：

$$(1+1/1)^1=2$$

在每半年支付一次利息的情况下（即一年支付利息 2 次），$r=1$，$n=2$：

$$(1+1/2)^2=2.25$$

在每月支付一次利息的情况下（即一年支付利息 12 次），$r=1$，$n=12$：

$$(1+1/12)^{12}\approx2.613$$

所以 n 的值越大，收益越高，这就说明了为什么银行 B 的储蓄方式对储户来说更实惠。回忆本章开头的关于 e 的表达式：

$$(1 + 1/n)^n$$

可以看出，复利表达式就是这个表达式的变体。当年利率 r=1 时，两个表达式就变成同一个了。

正如欧拉公式所展示的那样，它使我们联想到 e 中可能蕴藏着一些更深层次的意义，因为它与我们尚未意识到的其他数字有关。这一切都表明，数学本身就是一个谜团。人们在数学上的诸多发现，例如毕达哥拉斯定理（中国称勾股定理）、e、π 等，不能被限定在特定的含义上，即使它们常出现在如与复利相关的具体应用情景或实际计算过程中。

探索

1. 关于 e 的序列

如本章所述，e 的值可由多个序列确定。请确定以下几种序列是否接近 e（2.71828…），也就是说，计算以下序列中各项的总和是否接近 e。

（1）1+1/2+1/3+1/4+1/5+1/6+1/7+1/8+…

（2）1-1/2+1/3-1/4+1/5-1/6+1/7-1/8+…

（3）1×1/2×1/3×1/4×1/5×1/6×1/7×1/8×…

2. 另一个关于 e 的序列

以下是另一个关于 e 的序列，本章介绍过。

$$1/0!+1/1!+1/2!+1/3!+1/4!+1/5!+…$$

请注意，此处 1/0!=1。请问通过这个序列，我们能将 e 估算出来吗？

3. 绘制一个函数图像

绘制函数 $f(x)=x^2$ 的图像，然后描述它的形状。表 6.2 展示了这个函数的一些值。

表 6.2 函数 $f(x)=x^2$ 的值

x	0	1	-1	2	-2	...
$f(x)=x^2$	$0^2=0$	$1^2=1$	$(-1)^2=1$	$2^2=4$	$(-2)^2=4$	...

4. 复利

本章的概念可用于计算复利。如下是一个类似于前文所述的问题。

你收到了一份新的兼职工作的邀请函，即成为比萨配送员，并且只在周末工作。你的老板给了你以下薪资方案供你选择。

方案 A：

第一年年薪 4000 元，第一年之后每年加薪 800 元。

方案 B：

前 6 个月薪资共 2000 元，此后每 6 个月加薪 200 元。

请问哪个薪资方案更划算？

5. 指数函数

下面是指数函数 $f(x)=e^x$ 的一些值：

$$x=1，e^1 \approx 2.718$$

$$x=2，e^2 \approx 7.389$$

$$x=3，e^3 \approx 20.086$$

$$x=4，e^4 \approx 54.598$$

请问当 x 值为多少时，指数函数 $f(x)=e^x$ 的值约为 1096.633？这意味着此函数随 x 值有怎样的变化（如增长、衰减等）呢？

7

i

虚数

虚数是神圣精神的一个美好而奇妙的寄托，是徘

徊在存在和非存在之间的"两栖动物"。

——戈特弗里德·莱布尼茨

开篇

观察下面这个方程，其中 x 是变量，它的平方加 1 等于 0：

$$x^2+1=0$$

$$x^2=-1$$

$$x=\sqrt{-1}\ (或者更准确地说是 x=\pm\sqrt{-1})$$

$\sqrt{-1}$ 是什么数字？从某种程度上讲，它是一种与毕达哥拉斯学派发现 $\sqrt{2}$（见第 1 章）相似的意外发现。当这个数字作为二次方程的解出现时，数学家不禁自问："它到底是什么意思？"当然，他们更不知道该怎么命名它。勒内·笛卡儿顺理成章地给它起了一个名字，叫作虚数。欧拉引入了字母"i"来代表这个数字。就像发现无理数时一样，虚数的出现同样带来了新的想法和发现，其中之一就是复数——形如 $a+bi$ 的数，其中 a 和 b 是实数，i 是虚数单位（即满足关系 $i^2=-1$ 的数）。令人难以置信的是，后来复数在实际生活中应用得相当广泛，例如用于描述电路和电磁辐射。回到上面的等式 $x^2+1=0$，如果 i 可以像任何其他数字一样使用，则等式具有以下的解：

$$x=\pm i$$

意大利数学家杰罗拉莫·卡尔达诺是最早发现平方根可以是负数的人。在他关于方程的著作《大术》（*Ars Magna*）中，他提到了一个由 x 和 y 组成的方程组，它们相加等于 10，相乘等于 40：

$$\begin{cases} x+y=10 & (7\text{-}1) \\ xy=40 & (7\text{-}2) \end{cases}$$

解题方法如下。

由式（7-1）知：$y=10-x$。

将上式代入式（7-2）：$x(10-x)=40$。

将上式展开并移项：$-x^2+10x-40=0$。

等式两边同时乘 -1：$x^2-10x+40=0$。

最终 $x=5 \pm \sqrt{-15}$。

卡尔达诺决定放弃探索这个结果背后隐含的意义，并称这个解是虚构的、没有用的。与卡尔达诺同时代的拉斐尔·邦贝利认为，这样的数字其实很简单——它们是作为某些方程的根而出现的，由此在他 1572 年出版的《代数学》（*L'algebra*）一书中形成了第一个关于虚数的系统性理论。所以，卡尔达诺的方程的解可以写成 $x = 5 \pm i\sqrt{15}$。本章将着眼于虚数的含义和意义的介绍，虚数构成了数学的另一个伟大思想。它不仅改变了数学的进程，也改变了人类历史的进程。如果没有虚数，当代自然科学和工程学等将受到诸多限制。

二次方程

从古巴比伦到古代的中国和印度，二次方程的概念在古代世界是众所周知的。变量的概念和使用符号来表示数字，可以追溯到古希腊的数学家丢番图。他住在亚历山大港，并在那里创造了变量和代数，后来他被称为"代数学之父"。他还讨论了求解二次方程的方法——约两个世纪后，印度学者阿耶波多第一（译者注：阿耶波多第一是印度著名的数学家及天文学家。他的作品包括《阿耶波多历算书》，该书分为 4 个部分，书中提供了精确度达 5 个有效数字的圆周率的近似值。印度在 1975 年发射的第一颗人造卫星以他的名字命名）也详细阐述了类似的方法。

在这里有必要快速回顾二次方程，它的定义是未知数的最高次数为 2 的方程。二次方程示例如下：

$$ax^2+bx+c=0$$

a 和 b 分别是 x^2 和 x 的系数，c 表示方程中的常数。因此，如果

$a = 3, b = 2$，并且 $c = 5$，则 $ax^2+bx+c=3x^2+2x+5=0$。请看下面这个简单的方程。注意，如果 $a = 1$，$b = 0$，$c = -16$，则方程为

$$x^2-16=0$$

这个方程的求解过程为

$$x^2-16=0$$

$$x^2=16$$

$$x=+4 \text{ 或 } -4（也可以写作 } x=\pm 4）$$

现在思考一下这个方程：

$$x^2+8x+15=0$$

我们知道表达式 $x^2+8x+16$ 代表一个完美的正方形，因为它可以改写为 $(x+4)^2$。所以，为了将方程的左侧凑成一个完美的正方形的表达式，我们在上面的等式两边加 16。因为两边都加上了相同的数字，所以等式不会改变。此时注意，我们将 15 移到右侧，变为 -15，那么将会得到

$$x^2+8x+16=-15+16$$

$$x^2+8x+16=1$$

$$(x+4)^2=1$$

$$\sqrt{(x+4)^2} = \sqrt{1}$$

$$x+4=1$$

$$x=-3$$

或者：

$$-(x+4)=1$$

$$x=-5$$

所以这个方程的解为 $x=-3$ 或 -5。

二次方程的求根公式为

$$x = \frac{-b \pm \sqrt{b^2 - 4ac}}{2a}$$

无须逐步推导过程，我们将 $x^2 + 8x + 15 = 0$ 中对应的 a、b、c 的值直接代入上面的方程，最终得到相同的解：$x = -3$ 或 -5。

古巴比伦人是最早开发出二次方程的解法的人之一。古巴比伦泥板作为证明这一点的证据现保存在大英博物馆（亦称"大不列颠博物馆"）之中，其上的文字描述了以下问题（以下问题与单位无关）。

正方形的面积加上正方形的边长是 0.75，那么正方形的边长是多少？

解决这个问题的古巴比伦算法如表 7.1 所示，表中用相应的现代数学符号来展示所涉及的推理过程。

表 7.1　二次方程的古巴比伦算法

古巴比伦算法	用现代数学符号表示
将正方形的面积和边长加在一起是 0.75	$x^2 + x = 0.75$
写下系数 1	x 的系数是 1
将 1 分为 2 份	1 的一半是 0.5
用 0.5 乘 0.5	$0.5 \times 0.5 = 0.25$
将 0.25 和 0.75 加在一起	$0.25 + 0.75 = 1$
1 开平方等于 1	$\sqrt{1} = 1$
1 减去 0.5	$1 - 0.5 = 0.5$
0.5 就是正方形的边长	$x = 0.5$

二次函数的图像为一条抛物线。抛物线接触或穿过 x 轴的位置的 x 轴坐标就是两个解。例如，图 7.1 中的图像显示了 $x^2 - x - 2 = 0$ 的解，即 $x = -1$ 或 2，它们是抛物线穿过 x 轴位置的 x 轴坐标。

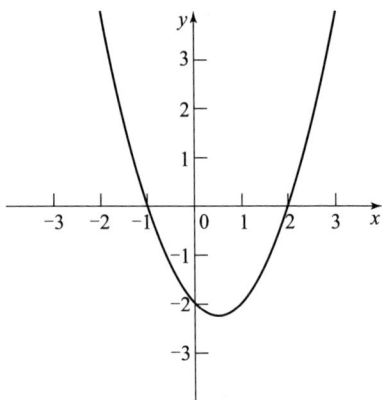

图 7.1　$y=x^2-x-2$ 的图像

复数

对负数求平方，它就会变成正数（见第 3 章）。那么 $\sqrt{-1}$ 是什么类型的数字呢？我们可以看出，它和其他实数都不一样：

$$i=\sqrt{-1}$$
$$i^2=\sqrt{-1}\times\sqrt{-1}=-1$$

这些数字首次被提出，可以追溯到 12 世纪伟大的印度数学家婆什迦罗第二。如前所述，几个世纪后，卡尔达诺和邦贝利紧随其后研究这些数字。随后，让-罗贝尔·阿尔冈展示了虚数和实数是如何相互关联的。然后，卡尔·弗里德里希·高斯在 1831 年引入了复数这个概念。例如，若将每个实数表示为复数，只需让虚数部分为 0。例如，5 可以这样转化为复数：

$$a+bi=5+0i=5$$

1797 年，高斯证明了一个具有革命性的问题——复数可以求解所有由实数构成的方程。这意味着每个方程在复数之中（即复数域中）

都有一套完整的解集。

首次发现虚数时，人们尚不清楚如何将它代入数字系统或如何在笛卡儿坐标系上表示它。为解决这个难题，阿尔冈发明了一种巧妙的图解法，用图表示就可以显示虚数和实数的关系。图 7.2 所示是 *a* + *b*i 在阿尔冈平面（更普遍的叫法是复平面）上的表示形式（Im 表示虚轴，Re 表示实轴）。如果将两个复数相加，例如 *a* + *b*i 和 *c* + *d*i 相加，我们将每个部分（虚部和实部）分别相加：

$$(a+bi)+(c+di)=(a+c)+(b+d)i$$

举个例子：

$$(4+3i)+(5+6i)=(4+5)+(3+6)i=9+9i$$

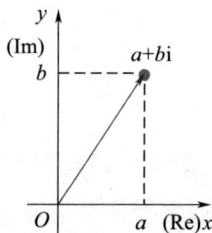

图 7.2 *a+b*i 的图像

如果是乘法，我们遵循普通多项式的乘法运算法则即可，即

$$(a+bi)(c+di)=ac+(ad)i+(bc)i+(bd)i^2$$

举个例子：因为 $i^2=-1$，所以

$$(4+3i)(5+6i)=20+24i+15i+18i^2=20+24i+15i-18=2+39i$$

其他运算也可以用相同的方式进行，都是用 *a+b*i 和 *c+d*i 依四则运算法则进行运算。关键是，正如邦贝利和其他人所指出的那样，复杂运算就像任何普通的运算一样，不同的仅仅是需要考虑 i 的定义而已。

代数学基本定理

对复数的研究引出了一个著名的发现，称作代数学基本定理。它指出，复数域是代数闭域，也就是说，一个次数不小于 1 的复系数多项式 $f(x)$ 在复数域内至少有 1 个根。由此推出，一个 n 次复系数多项式 $f(x)$ 在复数域内有 n 个根（重根按重数计算）。由此可得，二次方程有 2 个根，三次方程有 3 个根，四次方程有 4 个根，等等。让我们看几个例子。

一次方程（有 1 个根）：$x-5=0$，$x=\{5\}$。

二次方程（有 2 个根）：$x^2-4=0$，$x=\{2,-2\}$。

三次方程（有 3 个根）：$2x^3+3x^2-11x-6=0$，$x=\{2,-1/2,-3\}$。

四次方程（有 4 个根）：$3x^4+6x^3-123x^2-126x+1080=0$，$x=\{3,5,-4,-6\}$。

代数学基本定理隐含在笛卡儿和阿尔贝·吉拉尔的工作中。第一次尝试对它进行证明，可以追溯到 1746 年的法国数学家让·达朗贝尔。但他的证明包含一些不合理之处，高斯在 1799 年提出了他的更正证明。1816 年，高斯在欧拉建立的公式的基础上发表了完整的证明。

代数学基本定理是方程理论的一部分。在该定理被证明成立后，埃瓦里斯特·伽罗瓦仔细研究了多项式方程的根之间的置换对称性（即伽罗瓦群），建立了方程可解性的判别准则，这一工作奠定了群论的基础。解开二次、三次和四次方程的方法人们已经找到，但是尚未找到解开五次方程（未知数的最高次数为 5 的方程）的方法。伽罗瓦证明，当且仅当方程的伽罗瓦群是可解群时，方程可用根式求解。二次、三次、四次方程的伽罗瓦群均满足此条件，但五次方程的对称群不可解。

结语

　　i 来自二次方程的解，其本身没有任何意义，就像对毕达哥拉斯学派来说，$\sqrt{2}$ 也没有意义一样。当它被人类赋予了虚数的概念后，它便有了自己的"数学生命"，开创了一个扩展、分类和理解数字的新方法。那么这些数字在被发现之前是如何存在的呢？伊恩·斯图尔特注意到，在数学中，讨论任何关于"存在"的概念时都会遇到一些关键问题，其中最显著的问题就是"存在"本身的定义。

　　　这里的深层问题是，在数学中"存在"的含义和意义是什么。在现实世界，如果你能观察到某物，它就存在；如果观察不到，若能从可以观察到的事物中推断出它必然存在，也是可以说明它存在的。我们知道重力存在，是因为我们可以观察到它的影响，即使没有人可以看到重力……然而数字 2 不是这样的。它不是一个东西，而是一个概念。

　　在人们开始运用毕达哥拉斯定理和解二次方程之前，无理数和虚数是"不存在"的。它们是在等待着被发现吗？很明显，这个问题是关于数学的本质，或者说核心的。这样的情况在超限数、图论等领域中一次又一次地出现。这些所谓的"不存在"一直持续着，直到人们通过巧妙的理论推理、图表式的阐述、对数学符号的各种探索等方式在数学实践中将它们具象化，此时它们才开始"存在"。因此，在数学中开创一个理论，向来是一项棘手的任务，因为其中涉及许多未知因素。

　　思考这样一个问题：在复平面上，把 j 和 k 加到 i 上会发生什么？结果是会产生由 4 个部分组成的数字。这是由英国数学家威廉·罗恩·哈密顿在 1843 年提出的，他称这些数字为四元数。它们促使一整套新的运算法则出现，具体可参见表 7.2 所示的四元数乘法表。

表 7.2　四元数乘法表

×	1	i	j	k
1	1	i	j	k
i	i	–1	k	–j
j	j	–k	–1	i
k	k	j	–i	–1

哈密顿证明了复数实际上是四元数的一个子集。正如复数可以表示为平面上的点一样，四元数也可以被视为图 7.3 所示的平面中的点。

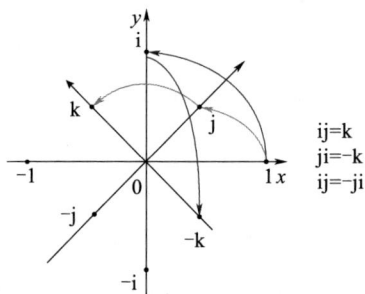

图 7.3　四元数图

事实证明，四元数揭示了许多以前未知的数字规律的"存在"，并在物理学中有重要的应用。四元数理论对于描述物体在太空中的旋转尤为重要。它也是进行图形计算、分子建模和模拟太空飞行的重要工具。

正如作家和符号学家翁贝托·埃科在他的著作《机缘巧合：语言与混乱》（*Serendipities:Language and Lunacy*）中所说，所谓机缘巧合很可能是想象的产物。Serendipity（机缘巧合）这个词由英国作家霍勒斯·沃波尔通过他偶然发现的一个古老的波斯故事而创造。这个故事叫《塞伦迪普的三个王子》，故事寓意着生活的本质是机缘巧合。故事大致是这样的。有 3 个来自波斯的王子，他们在异地旅行途中遇到了一个正在寻找骆驼的人。王子们从未见过骆驼这种动物，但问骆驼的主人：骆驼是不是缺了一颗牙？骆驼是不是一只眼睛瞎了？骆驼是不是腿瘸了？骆驼是一侧挂了黄油而另一侧挂了蜂蜜吗？骆驼是孕妇骑的吗？令人难以置信的是，他们所有问题的答案都是"是"。骆驼的主人指责王子们偷了他的骆驼，因为如果王子们没有见过他的骆驼，就不可能有如此精准的描述。但王子们解释道，他们是通过观察道路，注意到了几个奇怪的地方然后推测的，比如：路上的草被碾压后的痕迹并不均匀，表明动物的步态不稳；植物被啃食的地方有缺口，似乎是因为动物牙齿有缺口而形成的；现场有不均匀的脚印，以及笨拙地安装和拆卸的痕迹，像是典型的怀孕的、行动不便的人做出来的；并且蚂蚁和苍蝇在沿路不同的地方扎堆聚集，由于它们通常会聚集在黄油和蜂蜜周围，因此他们推测骆驼身体两侧挂了黄油和蜂蜜。他们所提的问题确实是基于这些观察推测出来的。通过了解周围的环境，他们能够在观察到的事物和发生的事情之间建立具体的联系。因为 Serendip（塞伦迪普）是斯里兰卡古代的地域名称，沃波尔便借此创造了 serendipity（意为机缘巧合、意外之喜）这个词，用来指代以类似的方式获得发现的过程，如那些数学和自然科学上的发现。

探索

1. 虚数

为了加深对 i 的理解，请计算下面 i 的幂运算的值。

（1）i^3

（2）i^6

（3）i^0

2. 求平方根

请用虚数表示 $\sqrt{-9}$ 。

3. 共轭复数

共轭复数是指一对实部相等、虚部互为相反数的复数。 例如 $a + bi$ 的共轭复数是 $a - bi$。那么共轭复数相乘会得到什么呢?

4. 共轭复数的计算

现在，将你在第 3 题中的发现，应用于计算下面这两个式子上。

（1）$(3+2i) \times (3-2i)$

（2）$(5+3i) \times (5-3i)$

5. 复数的运算

（1）$(4-5i)^2$

（2）$(3-3i)^3$

8

无穷大
一个违反直觉且
自相矛盾的概念

我无法控制我自己——我身不由己，无穷大的概念在折磨着我。

——阿尔弗雷德·德·缪塞

开篇

居住在意大利南部的爱利亚（又译为埃利亚）的古代哲学家芝诺是他的导师巴门尼德（生活在约公元前 515 年—约公元前 445 年）的坚定支持者。芝诺提出了一系列巧妙的论证，称为悖论，以支持他的导师的观点，即运动着的万物是不真实的（即不存在的）。下面是芝诺为了证明他的导师的观点而举的例子。

如果我们将一块石头从 A 点扔到 1 千米外的 B 点，那么这块石头永远不会到达 B 点。因为首先它必须到达中点，然后从中点到达中点与 B 点的中点，接下来又是另一个中点，以此类推。因此，石头会靠近 B 点，但永远不会到达 B 点。这个例子可以用图 8.1 表示。

图 8.1　连续对半分割的距离

这表明石头必须先经过一半的距离，即 1/2 千米才能到达 B 点。然后，从中点开始，它必须经过中点与 B 点之间剩余距离的一半，即 1/4 千米的距离。但随后，石头必须再次到达它与 B 点之间剩余距离的一半，即 1/8 千米的距离。虽然石头和 B 点之间距离的一半会变得越来越小（实际上是无穷小），石头会非常接近 B 点，但永远不会抵达 B 点。它经过的连续距离形成一个无穷序列，其中每一项是前一项的一半：1/2,1/4,1/8,1/16⋯该序列中各项的总和——1/2 + 1/4 + 1/8 + 1/16 + ⋯永远不会达到 1，但会十分接近 1。

实际上，这就是芝诺运动场悖论的其中一个版本，展示了线性距离如何由一系列点组成，这些点将这段距离无限次地一分为二。这个悖论是一个关于"无穷大"的例子——是数学中最神秘、最违反直觉的概念之一。本章将讨论这个概念，这是所有数学概念中最有趣的概念之一。

芝诺的悖论

人们认为芝诺至少提出了 40 个悖论，但只有 4 个流传了下来。它们是间接地流传下来的——比如有些来自亚里士多德的《物理学》（*Physics*）中的记载。这 4 个流传下来的著名悖论都与运动状态有关。它们被亚里士多德贴上了"辩证法"（译者注：此处作者用了"反复无常"和"似是而非"这两个词形容这个辩证法，指的是古代朴素的辩证法及唯心主义辩证法，不是后世讲矛盾的对立统一的唯物辩证法）的标签，他试图推翻它们，但一直没有成功。在原始版本的运动场悖论中，芝诺认为跑步者永远不会到达赛道终点。如果我们把赛道的长度用一条单位长度的线来表示，那么跑步者连续运动阶段中的位置则可以在图 8.2 中表示。

图 8.2　芝诺的运动场悖论

如前所述，这构成了一个无穷级数，其中的每一项都是前一项的一半。这个悖论引发了人们对时间、空间和无穷大的深刻思考。经过几个世纪，这个悖论还引出了极限的概念，极限的概念反过来促进了微积分的诞生与发展。芝诺还有一个著名悖论是阿基里斯追龟悖论，这个悖论也是在亚里士多德的《物理学》中记载的。该悖论描述阿基里斯（亦译"阿喀琉斯"）是古代跑得最快的人，但如果一只乌龟一开始是领先于阿基里斯的，那他永远也超不过这只乌龟。这个悖论可以更详细地表述如下。

> 阿基里斯决定与乌龟赛跑。为了让比赛更公平，他允许乌龟从距离终点一半的地方出发。但是这样一来，阿基里斯就永远不会超过乌龟了。这是为什么呢？

阿基里斯要想超越乌龟，必须先到达赛场的中点，因为这是乌龟的起点。但是当他行动后，乌龟已经向前移动了一段距离（因为它也在往前爬）。然后，他要想超越乌龟，就必须先到达乌龟到达的位置。然而，当他到达那里时，乌龟又向前移动了一段距离，阿基里斯也必须重复以上行动，以此类推，永无止境。 换句话说，虽然阿基里斯和乌龟之间的距离会持续变小，但阿基里斯永远不会超过乌龟。当然，实际上阿基里斯确实会陷入这样的困境，因为运动会受时间因素（以及其他因素）影响，而不仅仅是穿越空间中离散点的问题（空间问题）。（译者注：在这一悖论中，有一个隐含的前提假设，即空间和时间是无限可分的，认为它们可以被切割成无数个大小递减的小块。在中国古代也有这种说法——"一尺之棰，日取其半，万世不竭。"但现代物理学研究已经发现，时间和空间不是无限可分的，现代物理学家用普朗克时间和普朗克长度定义了时间和空间的最小可测量单位。所以前提假设错了，得出的结论也是错的。总有一个最为微小的时间，二者进入同一时间单位，此时阿基里斯就能追上乌龟了。）

另外两个流传下来的悖论被称为飞矢不动悖论（译者注：关于飞矢不动悖论，《庄子》中也提出过"飞鸟之景，未尝动也"的类似说法）和相向运动队列的一倍时间等于一半时间悖论。前者说的是飞行中的箭实际上处于静止状态。想象一支飞行中的箭，在任何给定时刻，箭都有一个确切的位置，因此它没有移动（相对于该给定位置）。此外，它不能向前运动到另一位置，因为时间在它身上没有流逝。换句话说，它在每一点和每一刻都是静止的。而相向运动队列的一倍时间等于一半时间悖论的主角是 3 排一模一样的队伍，其中，第二排（S1、S2、S3）是静止的，第三排（L1、L2、L3）和第一排（R1、R2、R3）以完全相同的速度相向运动。假设它们最初的位置如下：

```
        R1      R2      R3
                S1      S2      S3
                        L1      L2      L3
```

请注意，在此配置中，R3、S2 和 L1 在同列垂直对齐。现在，假设第三排整体向左移动一个单位，第一排整体向右移动一个单位，第二排整体保持不动：

```
        R1      R2      R3      →
                S1      S2      S3
        ←               L1      L2      L3
```

结果变为

```
                R1      R2      R3
                S1      S2      S3
                L1      L2      L3
```

可以看出，第一排整体向右移动了一个单位后，R3 与 S3 和 L3 垂直对齐；第三排整体向左移动一个单位后，L1 与 S1 和 R1 垂直对齐。

在移动之前，L1 与 R3 是垂直对齐的，但是现在它们在水平位置上却相距两个单位。它们怎么会在移动一次后相距两个单位？换句话说，相对于第二排，第三排和第一排是以相同的速度移动的，但是为什么第三排和第一排的相对速度却是其移动速度的两倍呢？

芝诺的这些悖论描述了一条数轴上的离散点的运动，从 A 点到 B 点的移动是分步骤完成的（也就是离散的），但两者之间的跨度是连续的。因此，为了解决这些悖论，需要区分离散和连续——这是一个很久以后才用微积分填补的空白。

说谎者悖论

芝诺的悖论涉及运动、空间和变化，而其他古希腊哲学家，如欧布里德，提出了另一种悖论，被称为说谎者悖论。此悖论最著名的表述之一，被认为是克里特岛上一个名叫埃庇米尼得斯的人写的如下一句话。此人的信息我们几乎一无所知，但人们编造出来的关于他的各种传说却不少，我们在此处暂不理会这些。

> 所有克里特岛上的人都是骗子，我来自克里特岛，我说的是真话吗？

如果我们假设该陈述是正确的，那么我们可以得出结论，埃庇米尼得斯称自己是克里特岛上的人是在撒谎，因为该陈述表述的是"所有克里特岛上的人都是骗子"。但是，如果他是一个骗子，那么他的陈述就不可能是真的，那么"所有克里特岛上的人都是骗子"这句话就是谎言。克里特岛上的人到底是不是都是骗子呢？自此，我们陷入悖论之中。由此推断，我们的假设是错误的。所以该陈述肯定是错误的——克里特岛上的人不是说谎者，而是说真话的人。埃庇米尼得斯因此是一个说真话的人，他是克里特岛上的人。可是，说真话的他为什么又说了假的陈述，宣布包括他自己在内的克里特岛上的人都是骗子呢？显然，我们无法判断埃庇米尼得斯说的是不是真话了。

纵观历史，这个悖论让无数逻辑学家、数学家和哲学家着迷。英国哲学家伯特兰·罗素发现它后，感到无比焦虑。他也提出了一个类似的悖论，被称为理发师悖论。该悖论在 20 世纪的逻辑学和数学界中引发了许多争论，具体我们将在第 9 章讨论。出于某种原因，像这样的悖论具有一种奇妙的吸引力，正如著名的英国趣题设计家亨利·E. 迪德尼提到的一则故事。

> 一个孩子问："上帝什么事都做得到吗？"收到肯定的答复后，
> 他立刻问："那他能造出一块连自己也举不起来的石头吗？"

这个孩子问的问题与一个哲学难题类似：如果一个不能停止运动的物体与一个不会运动的物体接触，会发生什么？正如迪德尼观察到的那样，这种奇怪的悖论只会因我们以思考它为乐而生。事实上，如果存在这样一个不会运动的物体，就不可能同时存在一个不能停止运动的物体可以使其移动。

伽利略的悖论和康托尔的悖论

16 世纪，意大利科学家伽利略提出了一个悖论，就像古代的芝诺提出的那些悖论一样，似乎有些违背常识。早在 1638 年，他就观察到平方数和正整数的个数一样多。这个结论虽然看起来荒谬，但是当列出 1, 4, 9, 16, 25…这样一组平方数，以及与这组平方数一一对应的正整数 1,2,3,4,5…

1	2	3	4	5	6	7	8	9	10	11	12	13	14	…
↕	↕	↕	↕	↕	↕	↕	↕	↕	↕	↕	↕	↕	↕	…
1	4	9	16	25	36	49	64	81	100	121	144	169	196	…

我们可以发现，无论继续沿着这种一一对应的线性关系写多久，上下两行的数量永远是一样多的。这表明所有正整数集中元素的数量与它的一个真子集（平方数集合）中的“数”的数量是一样的。如果停下来想一想，这一悖论的结论确实挺惊人。它隐含了一种令人难以置信的可能，即有多少平方数就有多少正整数，即使平方数本身只是正整数集的一部分。恰如克拉克所指出的那样：“我们如此习惯于思考有限的集合，以至于当我们第一次思考像正整数集这样的无限集时会感到不安和困惑。”

这种一一对应的模式，无疑启发了德国数学家格奥尔格·康托尔，他在 1870 年左右以令人难以置信的方式证明了无限集。像伽利略一样，他证明了所有整数或用来计数的数字（也可称为“基数”）（译者注：集合论中刻画任意集合大小的一个概念，也就是用于表示事物个数的数，如 1,2,3,…,100,3000 等普通整数，区别于第 1，第 2，第 3,…,第 100，第 3000 等序数），可以与它的任意真子集一一对应，例如偶数集：

1	2	3	4	5	6	7	8	9	10	11	12	13	14	…
↕	↕	↕	↕	↕	↕	↕	↕	↕	↕	↕	↕	↕	↕	…
2	4	6	8	10	12	14	16	18	20	22	24	26	28	…

可以这样认为，偶数的数量与整数集中元素的数量相同，因为它们可以与整数一一对应。值得注意的是，通过这些反直觉和自相矛盾的例子，人们对数学中的数字、集合和无穷大概念产生了更多、更深的理解。事实上，当康托尔的证明第一次公开时，曾在数学界引发了

轰动。正如芝诺悖论那样，他们的发现彻底改变了人们对数字、集合和无穷大的想法和认识。

如我们所见，有理数可以写成 p/q 的形式，其中 p 和 q 是整数（且 $q \neq 0$），所以 2/3,5/8,4/7 都是有理数（见第 1 章）。基数本身是有理数的子集——每个整数 p 都可以写成 $p/1$ 的形式，例如 5 = 5/1, 6 = 6/1，以此类推。有限小数也可以写成 p/q，因为像 3.579 这样的数字可以以 p/q 的形式写成 3579/1000。最后，所有无限循环小数也都是有理数，例如 0.3333333…可以写成 1/3。令人惊讶的是，康托尔证明了有理数集也有和整数集相同的基数。他的证明方法非常巧妙而简洁。首先，他排列出了一个有理数数组，如图 8.3 所示。

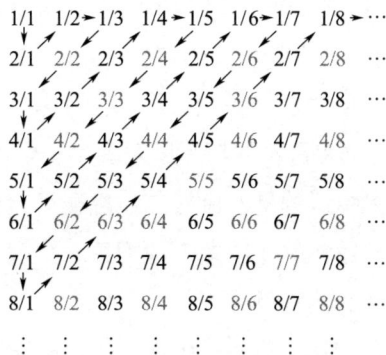

```
1/1   1/2→1/3   1/4→1/5   1/6→1/7   1/8 ···
2/1   2/2   2/3   2/4   2/5   2/6   2/7   2/8 ···
3/1   3/2   3/3   3/4   3/5   3/6   3/7   3/8 ···
4/1   4/2   4/3   4/4   4/5   4/6   4/7   4/8 ···
5/1   5/2   5/3   5/4   5/5   5/6   5/7   5/8 ···
6/1   6/2   6/3   6/4   6/5   6/6   6/7   6/8 ···
7/1   7/2   7/3   7/4   7/5   7/6   7/7   7/8 ···
8/1   8/2   8/3   8/4   8/5   8/6   8/7   8/8 ···
 ⋮    ⋮    ⋮    ⋮    ⋮    ⋮    ⋮    ⋮
```

图 8.3　康托尔的对角线方法

在每一行中，分母 q 都是连续的整数，如 1,2,3,4,5,6…第一行所有数的分子 p 都是 1，第二行的是 2，第三行的是 3，以此类推。这样，所有形式为 p/q 的数字都包含在这样的数组中。如果删除分子和分母具有公因数的分数，那么每个有理数在这个数组中只会出现一次。此时，康托尔在正整数和该数组中的数字之间建立了一一对应的关系：

他让基数 1 对应数组左上角的 1/1；2 对应下面的数字 2/1；然后沿着
箭头，让 3 对应 1/2；再沿着箭头，让 4 对应 1/3；以此类推，直到无穷。
沿着箭头所示的路径，我们可以建立基数与所有有理数之间一对一的
关系（排除数组中重复的数字）。

$$1 \quad 2 \quad 3 \quad 4 \quad 5 \quad 6 \quad 7 \quad 8 \quad 9 \quad 10 \quad 11 \quad 12 \quad 13 \quad \cdots$$
$$\updownarrow \quad \updownarrow \quad \updownarrow \quad \updownarrow \quad \updownarrow \quad \updownarrow \quad \updownarrow \quad \updownarrow \quad \updownarrow \quad \updownarrow \quad \updownarrow \quad \updownarrow \quad \updownarrow \quad \cdots$$
$$1/1 \ 2/1 \ 1/2 \ 1/3 \ 3/1 \ 4/1 \ 3/2 \ 2/3 \ 1/4 \ 1/5 \ 5/1 \ 6/1 \ 5/2 \ \cdots$$

　　然后我们就会得到一个不可否认的结论——有理数的数量与正整
数（基数）的数量一样多。人们不禁被康托尔构造的这个极富想象力
的证明方法打动。虽然有一些人对他的证明方法表示怀疑，但现在大
多数数学家认为这是一个有效的证明方法。

　　康托尔将这些与所对应的基数相同的数字称为"阿列夫 0"，写
作"aleph null"或 $\aleph_0$（$\aleph$ 是希伯来字母表的第一个字母）。他称 $\aleph_0$ 是
一个超限数。更令人惊讶的是，康托尔还发现了其他的超限数。这些
数字集的基数比正整数集的还要大。他把每一个超限数都用带有下标
的字母 $\aleph$ 表示，即 $\aleph_0, \aleph_1, \aleph_2, \cdots, \aleph_n$。

　　此时有人可能会问：这里怎么出现了不同的超限数呢？康托尔创
造了一种简单且具有独创性的证明方式，他也因这一创举再次引发了
众人的惊叹。假设我们取所有可能存在于数轴上 0 到 1 之间的数字，
并把它们写成小数形式。然后将每个数字标记为 $N_1, N_2 \cdots$。举几个可
能出现的例子：

$$N_1 = 0.4225896\cdots$$
$$N_2 = 0.7166932\cdots$$
$$N_3 = 0.7796419\cdots$$

我们怎么构造一个不在列表上的数字呢？我们先将这个数字称为 C，接着进行以下操作：对于 C 的小数点后的第一位数字，我们选择一个比 N_1 的小数点后第一位大 1 的数字；对于 C 的小数点后的第二位数字，我们选择一个比 N_2 小数点后第二位大 1 的数字；对于 C 的小数点后的第三位数字，我们选择一个比 N_3 的小数点后第三位大 1 的数字，以此类推。

因为 $N_1=0.4225896\cdots$，所以 C 的小数点后第一位就是 4 加 1，等于 5：$C=0.5\cdots$；

因为 $N_2=0.7166932\cdots$，所以 C 的小数点后第二位就是 1 加 1，等于 2：$C=0.52\cdots$；

因为 $N_3=0.7796419\cdots$所以 C 的小数点后第三位就是 9 加 1，等于 10，因此取 0：$C=0.520\cdots$；

…………

于是数字 C 和 $N_1,N_2,N_3\cdots$ 都不一样，因为它的小数点后的第一位数字和 N_1 的不同，第二位数字和 N_2 的不同，第三位数字和 N_3 的不同，以此类推。我们在事实上就构造了一个和超限数 $\aleph_0$ 不同的超限数，且它不在上述的列表里。

希尔伯特的无限旅馆悖论

德国数学家 D. 希尔伯特用一个可以想象的场景向他的学生们解释了康托尔的理论。

想象一下，你是一家旅馆的接待员，这家旅馆有无数间客房。有一天，旅馆的客房被订满了。然而，旅馆有一项规定——绝不能拒绝任何人来住店。一位新客人来了，按照规定，接待员只需简单地要求所有的客人转移到他们现在所在客房号加 1 的客房里就行。因为有无数间客房，新客人现在可以住在 1 号客房；曾经的 1 号客房的客人搬到 2 号客房，以此类推。这样一来，无限旅馆的客房就无法住满了。

如果此时有无穷多的新客人到来，又会发生什么呢？美国物理学家乔治·伽莫夫在 1947 年出版的书《从一到无穷大》（*One Two Three...Infinity*）中对此进行了解释。

让我们想象一家有无穷多间客房的旅馆，所有的客房都有人住。一位新客人来了，要求住一间客房。"没问题！"经理高声应和。他让之前住在客房 N_1 的人搬到客房 N_2，客房 N_2 的人搬到客房 N_3，客房 N_3 的人搬到客房 N_4，以此类推。现在客房 N_1 就空出来了，新客人就可以住进客房 N_1。那么让我们再想象一下，旅馆里有无数间客房，全都住满了，但是还有无数个新客人要求住进房间。"当然可以，先生们，"经理再次答应，"稍待片刻。"随后他把客房 N_1 的客人转移到客房 N_2，把客房 N_2 的客人转移到客房 N_4，把客房 N_3 的客人转移到客房 N_6，以此类推。现在全部奇数号客房就已经腾空了，无穷多的新客人可以很容易地住进去。

结语

综上所述，芝诺提出的反直觉的无穷悖论造成了学术界的"大震荡"，最终促使新的数学分支诞生。正如当微积分刚出现的时候，这一概念乍一看似乎很荒谬。英国哲学家乔治·贝克莱指责它是一门无用的科学，因为它处理的是微小而无意义的量。但是微积分在这样的攻击下"存活"了下来。因为它解答了与变化本质有关的经典问题。一位古代哲学家提出的看似微不足道的悖论，却引发了一连串的思考，最终促成了一门科学思想的建立，并使人类对宇宙和自身有了更多、更深的了解，这真是令人感到奇妙无比、不可思议。

这些悖论并不是能够导出无穷大的唯一方式。古代的数学家在确定 π 的值的方法中隐晦地表现了无穷大的概念，如第 4 章中提到，阿基米德通过在一个圆内画出一个乃至无穷多个多边形来确定 π 的值。欧几里得关于素数无穷大的证明（见第 2 章）是另一个巧妙的案例。如果没有数学，"无穷大"可能至今仍然是一个模糊的概念，甚至可能根本无法形成有用的东西。

像伽利略提出的那种悖论，很可能源于某个偶然事件。也许某次，他偶然提出一个问题——如果所有的正整数都与其平方数一一对应，那么这意味着什么呢？之后，一旦伽利略推理出了答案，并得出了一个自相矛盾的结果，那么一个新的"思维模式"便会就此诞生。这一过程很可能启发了几个世纪后的康托尔，他据此发展了一种新的数字观，并建立了集合论，然后手持这些强有力的理论工具去继续探索数学的奥秘。

探索

1. 爱因斯坦的问题

这个问题似乎隐含着一个悖论，据说它是由阿尔伯特·爱因斯坦提出的。

一群运动员搭好帐篷后，决定出发去看熊。他们向南走了 15 千米，然后向东走了 15 千米，在那里他们看到了一只熊。最后他们向正北走了 15 千米返回了营地。请问熊是什么颜色的?

2. 康托尔的方法

利用康托尔发明的简单方法,证明下列集合具有相同的基数——集合中的元素数量相同。

(1)奇数。

(2)10 的连续次幂,从 10^1 开始。

(3)立方数(指数为 3 的数)。

3. 亚历克西娅悖论

这是说谎者悖论的另一个版本。

聪明的亚历克西娅喜欢用这样的话迷惑别人:"我来自一个小镇,那里每个人都是骗子,包括我自己。"请问亚历克西娅说的是真话吗?

4. 横向思维问题

解决前面爱因斯坦的问题需要运用心理学家所说的横向思维,它包括通过间接和创造性的途径来获得答案,通常从一个全新的、不寻常的角度来看待所提供的情况或信息。这个词是由出生于马耳他的英国心理学家爱德华·德·博诺提出的。像所有的无穷悖论那样,横向思维问题也与一种被称为"跳出框架"的思维方式有关。下面是一些经典的例子。

(1)一辆卡车卡在低矮的桥下,把它弄出来的最简单的方法是什么?

(2)一个男人走进一家酒吧,想要一杯水。酒保把手伸到柜台下面,拿出一把枪对准了那个男人。于是那人说了声谢谢就走了。请问发生了什么事?

(3)这幅画是刘易斯·卡罗尔画的:一只猴子被一根绳子吊在滑轮上;另一端是重物,正好与猴子的身体保持水平。一切都处于平衡状态,且最初是静止的。然后,猴子试图顺着绳子往上爬。请问接下来会发生什么?

5. 再用一次康托尔的证明方法

（1）取一个超限数，当给它加上"1"会发生什么?

$$\aleph_0 + 1 = ?$$

（2）取一个超限数，如果把它翻倍，又会怎么样?

$$\aleph_0 + \aleph_0 = 2\aleph_0 = ?$$

9

可判定性
数学的基础

逻辑是智慧的起点，而不是终点。

——伦纳德·尼莫伊

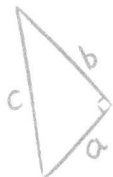

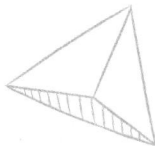

开篇

请思考下面这个问题。

找出 5 个连续的奇数，使其加起来等于 64。

让我们先算出前 5 个奇数的和，然后计算从 19 往后的 5 个连续奇数的和：

$$1+3+5+7+9=25$$

$$19+21+23+25+27=115$$

如果我们继续计算 5 个连续奇数的和，会发现和总是以 5 结尾，因此它也是一个奇数。所以 5 个连续奇数加起来似乎不可能得到一个偶数，比如 64。以下是证明过程。

（1）如果 5 个连续奇数中的第一个奇数用 $(2n + 1)$ 表示，意为比偶数 $2n$ 多 1，则第二个奇数可以用 $(2n + 3)$ 表示，第三个奇数可以用 $(2n + 5)$ 表示，第四个奇数可以用 $(2n + 7)$ 表示，第五个奇数可以用 $(2n + 9)$ 表示。

（2）将 5 个连续奇数相加，得到：$(2n + 1) + (2n + 3) + (2n + 5) + (2n + 7) + (2n + 9) = 10n + 25$。

（3）此时，我们研究表达式 $(10n + 25)$。$10n$ 是一个以 0 结尾的数字，因为任何数字 n 乘 10 都会得到一个以 0 结尾的数字：$1 \times 10 = 10$，$2 \times 10 = 20$，$15 \times 10 = 150$。以此类推。

（4）表达式中的第二项是 25。这一项与前一个以 0 结尾的数字相加。这意味着计算结果总会以数字 5 结尾：$10 + 25 = 35$，$20 + 25 = 45$，$30 + 25 = 55$。以此类推。

（5）因此，表达式 $(10n + 25)$ 表示以 5 结尾的奇数，无论整数 n 是多少。

（6）综上，5 个连续奇数之和不可能为 64，因为 64 是偶数。

由此可见，上述命题是可判定的，也就是说，可以用一个切实可行的证明过程来确定——上述命题被确定为不可能。这种推理模式将我们带入数学的核心。显然，如果某件事不能被解决或被证明，我们就不应该浪费时间去寻找解决方案或证明方法。也就是说，如果它可以被证明是不能被解决或被证明的，那么这件事就应该到此为止了。这是构建计算机科学的一个关键原则。如果某命题可以通过编程产生某种输出结果，那么所使用的算法首先应表明此命题是可判定的；如果它不产生输出结果，那么它就是不可判定的。

本章讨论可判定性问题及其逻辑基础。在《几何原本》一书中，欧几里得从公认的数学真理（公理）和公设、定义开始研究，他用矛盾法、归纳法、演绎法等方法证明了 465 个命题。整个"数学大厦"都是建立在欧几里得的公理、命题等的逻辑基础上的，至少在 1931 年之前看起来是这样的。1931 年，奥地利裔美国数学家库尔特·哥德尔证明，在任何正式的逻辑系统中，都存在既不能证实也不能证伪的命题（或陈述）。从那时起，数学家开始采用一种更加灵活的方法来解决数学问题，而不是完全抛弃欧几里得体系。

一致性

正如亚里士多德和其他古代哲学家所认为的，数学和逻辑是同一心理过程的互补。亚里士多德提供了一套逻辑上连贯、一致的理论模型，他称之为三段论。它分为 3 个部分：大前提、小前提和结论。

大前提：所有人都会死。

小前提：芭芭拉是人类。

结论：芭芭拉终有一死。

　　大前提是，一个类别即人类具有（或不具有）某种特征——会死亡；小前提是，一个特定的元素是（或不是）该类别的成员。然后结论肯定（或否定）所讨论的元素具有那种类别的特征。这种抽象体系成为证明或证伪数学中许多命题的基础，因为它们在逻辑上具有连贯性和一致性，所以是可判定的。如前所述，欧几里得在逻辑上构建了整个"数学大厦"，命题之间相互联系，便可以（在逻辑上）说明命题可证或不可证。他从定义、公理和公设出发，推导出命题，其中一些公理包括以下内容。

　　（1）等于同一事物的事物也是相等的。

　　（2）如果在等式两边加上相等的数，那么等式两边的和依然相等。如果在等式两边减去相等的数，则余下的数仍相等。

　　（3）彼此能重合的物体是全等的。

　　（4）整体大于部分。

　　这些公理看起来是不言而喻的，但是它们并不总是成立的，正如我们在第 8 章中看到的康托尔的证明，它违反了上述第（4）条公理。此外，《几何原本》中的第五公设暴露了欧几里得逻辑上的一个缺陷。该公设陈述如下。

　　　　若一条直线与两直线相交，且如果在这条直线同侧所交两内角之
　　和小于两直角（之和），则两直线无限延长后必相交于该侧的一点。

　　一开始，此公设似乎更像是一个命题（有待证明的东西）。所以，在欧几里得的时代，以及之后的几个世纪里，数学家试图证明这个公设可以从欧几里得的其他公理中推导出来，但他们没能做到。在 19 世纪，数学家最终还是证明了它不能在欧几里得的证明体系中被推导出来。这导致了新数学体系——非欧几里得几何的创建，该体系中的

公设被其他一些新公设所取代。非欧几里得几何中出现了如尼古拉·罗巴切夫斯基和伯恩哈德·黎曼（见第 2 章）所发展的几何。有没有一个没有平行线的"世界"呢？有，答案是球面。球面上所有的"直线"都是圆弧。

由于几何的一个重要用途是描述现实世界，我们可能会问，哪种类型的几何——欧几里得几何还是非欧几里得几何提供了最符合现实的模型。其实，有些情况下最好用非欧几里得几何的术语来描述，例如相对论的某些方面。其他情况下，例如与建筑、工程学和测量有关的情况，似乎用欧几里得几何来描述更好。换句话说，这完全取决于我们面对的是哪种现实。欧几里得几何仍然存在，因为对我们的共同需求来说，它仍是实用的。

公理的结构

1889 年，意大利数学家朱塞佩·皮亚诺提出了一组公理，这些公理一直是算术和数论的核心。

（1）0 是一个自然数。

（2）对于每个自然数 n，$S(n)$ 也是一个自然数：$S(n)$ 是 n 的后继数。[译者注：自然数 a 的后继数 a' 就是紧接在这个数后面的自然数 $(a+1)$。]

（3）对于每个自然数 n，$S(n) = 0$ 为假。也就是说，不存在后继数为 0 的自然数。

（4）对于所有自然数 m 和 n，如果 $S(m) = S(n)$，则 $m = n$。

（5）如果 K 是一个集合，使得 0 在 K 中，并且如果所有自然数 n 都在 K 中，那么 $S(n)$ 也在 K 中，且 K 包含所有自然数。

这些公理似乎是不证自明的，但正如我们在本书中所看到的，逻辑上的不证自明不能被视为理所当然。总的来说，这些公理在形式上告诉了我们数字的意义。

在皮亚诺之前不久的时代，英国数学家乔治·布尔提出了一个基于二进制数字的逻辑系统（如第 3 章所讨论的），以确保公理结构与他所谓的"思维定势"一致。为了测试一个参数，布尔通常将语句转换为符号，使它们失去在现实世界的参照物。然后，通过一套推理的规则，他证明了从原来的公理中推导出新的公理是可能的。这被称作布尔代数，它的出现是为了帮助数学家解决逻辑、概率和工程方面的问题。

布尔充满野心，他不仅想要统一数学和逻辑，还想要把证明和公式都分解成最简单、最基础、最底层的结构，使得二进制中的 1 代表真，0 代表假。他没有使用在加法、乘法和其他算术运算中使用的典型符号，而是使用了与（∧）、或（∨）和非（¬），以表明这些不仅仅是不同的算术方式，更是思维的基本框架模型。它们可以用真值表或维恩图来表示，维恩图涉及集合（如 A 和 B）的概念。图 9.1 展示了上述这些逻辑运算的维恩图。（译者注：维恩图也叫文氏图，通过图形之间的重叠关系表示集合之间的相交关系。维恩图由英国数学家维恩在 1881 年发明。）

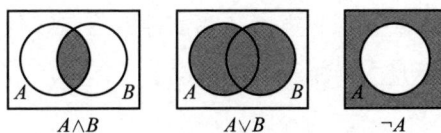

$A{\wedge}B$ $A{\vee}B$ $\neg A$

图 9.1　维恩图

美国工程师克劳德·香农在 20 世纪 30 年代开发开关逻辑电路时，决定将布尔代数应用于开关逻辑电路理论。这样做，他实现了对 off-on(0-1) 结构的控制，从而为现代数字计算奠定了基础。如今，计算机芯片已发展到包含数十亿到上千亿个晶体管。

显然，对于数学来说，一个连贯的、一致的系统可以用来判断某物是否为一个数字，或者通过分析某物是否属于一个系统来判断某物是否有可能是可判定的，但逻辑公理绝不仅仅是这样的系统，它还有更广阔的应用前景。继布尔和皮亚诺之后，20 世纪在巴黎举行的第一届国际数学家大会上，D. 希尔伯特提出一个问题：是否所有的科学都能被分解成类似的基本公理？但这个问题至今悬而未决。

不可判定性

第 8 章讨论的悖论对欧几里得建立的数学公理系统造成了威胁。回想一下说谎者悖论，在这个悖论中，推理是在"兜圈子"——它并未得出结论，而是走向"死胡同"。

到了 19 世纪（皮亚诺和布尔生活的时期），这个悖论再次浮现，威胁到"数学大厦"赖以建立的逻辑基础。作为回应，德国哲学家戈特洛布·弗雷格追随布尔的脚步，提出将形式与内容分开考虑，可以避免出现这种悖论。通过这种方式，人们可以检查命题（或前提）的连贯性或一致性，而不需要它在现实世界中有任何对应的事物。路德维希·维特根施泰因进一步发展了弗雷格的方法，他使用了符号（H表示人类，M 表示凡人，B 表示芭芭拉）。

大前提：H 是 M（全部 H 是 M）。

小前提：B ∈ H（B 是 H 的一个成员）。

结论：B ∈ M（B 是 M 的一个成员）。

1910—1913 年，英国哲学家伯特兰·罗素（以下简称罗素）和阿尔弗雷德·诺思·怀特海使用类似的抽象符号系统，旨在发展一套公理、定义、命题或其他逻辑结构，一劳永逸地为数学提供一个坚实的、不变的、没有悖论的基础。这使得他们在 1910 年、1912 年和 1913 年分卷出版了具有里程碑意义的著作《数学原理》（*Principia Mathematica*）。这项研究是由罗素对说谎者悖论的不安而引发的。他因这种不确定性而十分受挫，以至于他提出了自己的说谎者悖论的版本，并称之为理发师悖论。

村里的理发师只给那些自己不刮胡子的村民刮胡子，那么，他应该自己刮胡子吗？

正如俗语所说的那样，理发师"做了也不对，不做也不对"。如果他自己不刮胡子，他最终会变成一个自己不刮胡子的村民。这符合理发师只给自己不刮胡子的村民刮胡子的条件。因此，必然得出结论：理发师应该自己刮胡子。但是他这样做就是给村里的一个自己刮胡子的人而不是一个自己不刮胡子的人刮了胡子！因此，理发师就不能决定自己是否该给自己刮胡子了。罗素认为，之所以出现这种悖论，是因为理发师本身就是村里的一员。因此，他得出结论，在一个连贯、一致的逻辑系统中，悖论是这样来消除的：诸如此类的陈述不允许从集合的成员中给出，它们只能由集合之外的成员给出。由此，罗素引入了元语言——一种与其他语言"分离"的语言，旨在使逻辑系统免受这种悖论的影响。但是元语言并没有结束逻辑系统内的一致性或可判定性问题。

1931 年，库尔特·哥德尔（以下简称哥德尔）揭示了罗素和怀特海等的命题逻辑系统崩溃的原因，这在后来被称为哥德尔不完全性定理。在哥德尔之前，人们理所当然地认为，一个逻辑系统中的每一个命题都可以在其中被证明或被证伪。但是哥德尔的论断震惊了数学界，他证明了事实并非如此。他认为，一个逻辑系统总是包含一个命题，它是真实的，但无法被证明。哥德尔的论点太过复杂，在这里无法深入探讨。它可以简述如下。

请假设一个数学系统 T，它是正确的，也就是说，可以证明它没有错误陈述，又包含一个声明"S"，声称它自己在系统中不可证。S 可以简单地表述为："我在系统 T 中是不可证的。"那么 S 的真实状态是什么？如果它是假的，那么它的逆命题就是真的，这意味着 S 在系统 T 中是可证的。但这与我们假设的系统中没有任何错误陈述是相反的。因此，我们得出结论：S 必为真。由此可以推断，正如 S 断言的那样，S 在系统 T 中是不可证的。不管怎样分析，S 都是真的，但在系统 T 中它是无法证明的。

数学家提出的公理和假设是为了使数学成为一个连贯和一致的逻辑系统而设计的。但是，正如哥德尔所说，这个系统总会是不完美的，而数学家将不得不面对这个事实。克里利的观点如下。

古希腊人假定他们的公理是正确的，但今天的数学家只期望公理是连贯而一致的。20 世纪 30 年代，哥德尔在证明他的不完全性定理时震撼了数学界，该定理认为，在一个形式上很规范的公理系统中存在一些数学命题，若只使用此系统的公理，则这些命题既不能被证明也不能被证伪。换句话说，数学现在可能包含无法证明的真理，这些真理可能只能保持这种状态。

尽管在数学中有许多开放性的问题令我们着迷，吸引着我们去解决，但它们也许是不可判定的。逻辑告诉我们，一件事可以是对或错，但不能同时是对或错。亚里士多德意识到了这一事实，在他的"不矛盾规范"中阐明了矛盾与错误之间的联系，简单地说，一个关于事情的陈述不可能既是真又是假。因此，如果从某一陈述出发，用逻辑推导出来的结果与该陈述相矛盾，就可以得出结论——我们采用的假设错了。然而，虽然我们发现了在数学基础上的一些矛盾，但这些矛盾的出现并没有阻碍数学发展的进程。恰恰相反，它们理性而漠然地推动着这个进程的发展。

英国哲学家托马斯·霍布斯声称，逻辑是唯一能够阻止人类文明倒退的要素。法国哲学家勒内·笛卡儿进一步发展了这一观点，他拒绝接受任何信仰，即使是他自己的信仰，除非他能"证明"它在逻辑上是正确的。笛卡儿还认为，逻辑是解决人类所有问题的唯一有效途径，因为人类的大多数问题是由情感和激情引起的，逻辑有能力"驯服"它们。在富有洞察力的著作《笛卡儿之梦》（*Descartes' Dream*）中，戴维斯和赫什将笛卡儿的愿景概括为"关于一种通用方法的梦想，通过这种方法，所有的人类问题，无论是科学问题、法律问题还是政治问题，都可以通过逻辑计算理性、系统地被解决"。德国数学家和哲学家戈特弗里德·威廉·莱布尼茨认为，逻辑是一种思想语言。他追溯逻辑的词源，联想到希腊语单词 lógos——其兼具"语言"和"思想"两层含义。莱布尼茨将这种语言描述为一种通用的思想语言，并声称它可以为人类带来巨大的好处，因为思维中的错误可以转化为逻辑层面的错误，所以会很容易修复。

但究竟什么是逻辑？用来证明数学定理的逻辑和我们用来解决日常实际问题的逻辑是一样的吗？哲学家查尔斯·皮尔斯在他的著作中区分了两种逻辑——逻辑本能（logica utens，一种实践逻辑）和逻辑科学（logica docens，一种理论或学术性逻辑）。前者是一种基本的、用来使用的逻辑，每个人都拥有，但无法具体说明它是什么。皮尔斯将其与后者区分，他将后者定义为数学家、侦探、医生等对逻辑的复杂的和有指导的运用。因为每个人都有逻辑本能，所以不需要特殊的训练也能理解大多数日常问题是关于什么的，或者为了处理（或解决）这些问题我们应该做什么。但是，理解形式上的逻辑结构或理论问题却需要逻辑科学。

结语

实际上，古希腊人通过观察论证和证明的发展过程，对数学的本质有了真正深刻的理解，并得出了结论——对于数学来说，各种形式的逻辑必不可少。然而，在某些情况下，他们的证明方法却失效了，如无穷大悖论等。

也许对研究数学的人来说逻辑没有规律那么重要。请看下面的计算。在此需要弄清楚的是，它们是否隐藏了某种普遍的规律。

$$2 \times 9 = 18 \text{ 和 } 1 + 8 = 9$$
$$3 \times 9 = 27 \text{ 和 } 2 + 7 = 9$$
$$4 \times 9 = 36 \text{ 和 } 3 + 6 = 9$$
$$5 \times 9 = 45 \text{ 和 } 4 + 5 = 9$$
$$\cdots\cdots$$
$$12 \times 9 = 108 \text{ 和 } 1 + 0 + 8 = 9$$
$$123 \times 9 = 1107 \text{ 和 } 1 + 1 + 0 + 7 = 9$$
$$1245 \times 9 = 11205 \text{ 和 } 1 + 1 + 2 + 0 + 5 = 9$$
$$12459 \times 9 = 112131 \text{ 和 } 1 + 1 + 2 + 1 + 3 + 1 = 9$$
$$\cdots\cdots$$

仔细观察就会发现，9 的任何倍数的各位数字加起来都是 9。这个发现虽然本身很有趣，但并未发挥它的全部作用。事实上，它对于简化计算过程和执行算术运算有着很多实在而具体的影响，我们在这里暂不需要考虑这些，这样的规律在数学中比比皆是。数学是规律的科学。哥德尔让数学家明白，虽然数学是由他们创造的，但人类本身容易出错，因此，只要人类存在，对数学真理的探索就永无止境。我们能真正依靠的，便是能够揭示真理的规律。正如康托尔所说，数学结构有许多维度和形状，它有可能永远无法符合某种逻辑系统，也有可能不止符合一种逻辑系统。

探索

1. 雷蒙德·斯穆里安的问题

美国逻辑学家雷蒙德·斯穆里安为哥德尔不完全性定理设计了一个巧妙的问题。

有一位逻辑学家，所有他能证明的事都是正确的，任何错误论点他都不能证明，大家称他为"说什么都对"。有一天，这位"说什么都对"的逻辑学家造访了骑士与无赖岛，岛上的每个居民要么是骑士，要么是无赖，且已知骑士只会说真话，无赖只会说假话。

逻辑学家遇到了一个当地人，当地人对他说了句话，由这句话可判断这个当地人肯定是骑士，但这位逻辑学家却无法证明他是骑士！那么这句话是什么？

2. 加德纳的逻辑问题

这是一个关于推理盒中物品的问题。其创始人是马丁·加德纳，他曾为《科学美国人》的一个著名的问题专栏供稿。以下是对该问题的描述。

桌子上有 3 个封闭的盒子，里面装的都是一些 5 美分硬币。盒子上 A 的标签写的是 10 美分，盒子上 B 的标签写的是 15 美分，盒子上 C 的标签写的则是 20 美分，但它们的标签都是不正确的。有人把盒子 B 里的东西拿出来，他发现盒子里是两个 5 美分硬币，并把两个 5 美分硬币放在盒子前面，又给盒子贴上 15 美分的标签。你能推理出每个盒子里是什么吗？

3. 迪德尼的逻辑问题

这是亨利·E. 迪德尼创造的一个经典问题，推理过程要用到基本的演绎法。

在某个公司里，程序员、分析师和会计师的职位由艾米、夏尔马和萨拉担任，但名字与职位并非一一对应。已知会计师是独生子女，挣得最少。萨拉嫁给了艾米的兄弟，挣的钱比分析师的多。请问每个人担任什么职位？

4. 加德纳逻辑问题的引申问题

这是一个类似于加德纳问题的逻辑问题。

在 3 个盒子中的一个里有一枚金币，每个盒子上都写有铭文，如图 9.2 所示。

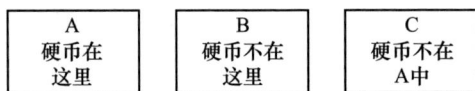

A	B	C
硬币在这里	硬币不在这里	硬币不在 A 中

图 9.2　盒中硬币问题

如果最多只有一个铭文是真的，你能告诉我硬币到底在哪里吗？

5. 误导逻辑

我们很容易受到某种误导，特别是在没有深思一项陈述的隐含信息时。举个例子。

一个农夫有 7 个女儿，她们各有一个兄弟。问农夫究竟有几个孩子？

10

算法
数学和计算机

数学是宇宙的语言，计算机是翻译宇宙的工具。

——斯蒂芬·霍金

$\pi = 3.14\ldots$

$a^2 + b^2 = c^2$

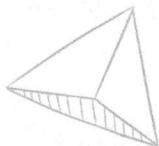

开篇

如前所述（见第 3 章），像 2234 这样的十进制数字，我们可以很容易地根据各个数所在的位置（数位）将其解构（见图 10.1）。在这里，我们需要重新审视这种分析方法和规则。

2	2	3	4
↓	↓	↓	↓
二千	二百	三十	四
↓	↓	↓	↓
2×10^3	2×10^2	3×10^1	4×10^0

图 10.1　十进制数字 2234 的结构

我们现在能不能设计一个规则，让计算机可以无限地生成这样的数字？这样的规则需要按数字构造原理拆解，将数字变为简单、基本和原始的代数符号的形式：$D \to N_n \times 10^{n-1} + N_{n-1} \times 10^{n-2} + N_{n-2} \times 10^{n-3} + \cdots N_3 \times 10^2 + N_2 \times 10^1 + N_1 \times 10^0$。这表示一个十进制数字 D 是由数字 $N_1, N_2, N_3, \cdots, N_{n-2}, N_{n-1}, N_n$ 组成的，这些数字需分别乘 10 的 $(n-1)$ 次幂，n 是其在十进制数字中的序数，或叫位数。具体如下。

（1）N_1 是从右向左数的第一个数字，其值为 $N_1 \times 10^0$。

（2）自 N_1 向左数的下一位是 N_2，其值是 $N_2 \times 10^1$。

（3）从右向左数的第三位数字是 N_3，其值是 $N_3 \times 10^2$。

（4）以此类推，直到最左边的数字 N_n，其值是 $N_n \times 10^{n-1}$。

我们注意到，每个数字后面会乘 10 的几次幂，指数比该数字的下标小 1，这个下标表示该数字的位置，即从右向左数的第几位数。

现在，我们已经设定了十进制数字的组成形式，这种形式可以转换为计算机算法，然后通过运行这个算法来生成无穷无尽的数字。我们所要做的就是输入 n 的值，输出的值将始终是一个十进制数字。

数学与计算机科学形成了伙伴关系。设计算法并将其转化为计算机程序，就像是按照手册组装某个物体。计算机可以用来根据某些算法的有效性（或无效性）解决第 9 章讨论过的可判定性问题。本章将讨论算法这个关键概念，完成本书中从毕达哥拉斯开始所描述的一系列思想的讨论。

算法

算法指的是用有限、确定、可行的步骤来解决问题的运算序列。它的每个步骤的指令必须严密、准确。正如我们看到的，数学史上的第一个算法是欧几里得算法，依照这个算法，我们能以一种简单、可重复甚至近乎机械的方式找到任意两个整数 A 和 B 的最大公因数（见第 2 章）。

算法（algorithm）一词源自一位阿拉伯数学家的名字的拉丁语写法，他叫穆罕默德·伊本·穆萨·阿尔-花剌子米，在他的著作《还原与对消之书》（*Book of Algebra and Al-muqābala*，简称《代数学》）中，他建立了逐步求解一次方程和二次方程的方法，因此后世采用了他的名字的拉丁文来指代算法的概念。

编写一段程序，首先需要对计算机所要处理的操作进行完全、彻底的分解。这种分解任务要求我们解决这些问题——必须输入什么信息，涉及什么指令系统和算法规则类型，以及想要得到的输出结果应该采取什么形式展示等。第一步是设计一个流程图，在图中应列出完成任务所需的步骤。这个流程图就是该任务的模型，在模型中要展示

任务涉及的所有步骤，把这些步骤串联起来，便可将指令组合成一个
连贯的程序。流程图中提供了选项，以供从中做出决策。接着流程图
被转换成计算机语言，然后输入文本编辑器中，文本编辑器是用于创
建和编辑文本文件的程序，常用来编写程序源代码。图 10.2 所示的
流程图展示了如何将欧几里得算法构建为计算机程序。

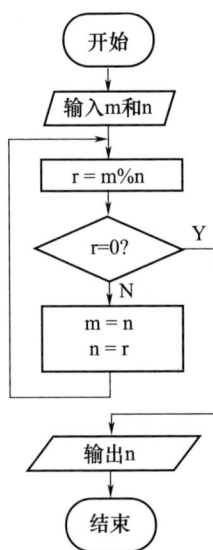

图 10.2　欧几里得算法流程图

　　该流程图将算术基本定理（见第 2 章）中描述的步骤以一种严密、
准确且机器可读的方式进行分解。这也是整个构建过程中我们能用纸
笔所做的部分。另外，在计算机运行程序之前，还必须将算法翻译成
由数字组成的机器语言，这就需要一种特殊的程序，称为代码。代码
由二进制数字组成（见图 10.3）。

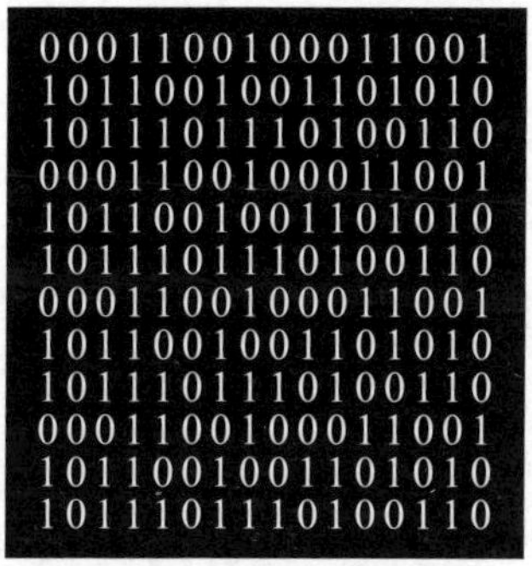

图 10.3　计算机代码示例

　　当二进制数太多，计算机无法存储和处理时，它们就会被转换成从 0 到 F 的十六进制数。十六进制数是以 16 为底数的数字，使用 16 个不同的符号，即 0 到 9 以及 A 到 F 来表示数值。基于这个特性，这个数字系统可以对应地表示每个字节，所以可以用来记录信息在计算机内存中的位置（一个字节包含 8 比特信息）。

可计算性

　　可计算性研究的是在不同的计算模型下哪些算法问题能够被有效解决。2009 年，一个计算机程序被设计出来，能够解决所谓的反向电话本问题，该问题曾一度被认为是难以解决的。电话本是按字母顺序排列的人名列表，每个名字对应一个唯一的电话号码。因此，在其中查找名字是一个简单的（有限状态的）（译者注：在计算机科学中，有限状态指系统或算法的状态数量是有限的）任务，找到名字就能找到其对应的电话号码了。但是，如果我们已知的是电话号码，并想找到电话号码所属的人，问题就不好解决了。这就是反向电话本问题的内容。今天，（在大多数情况下）一个简单的 Grover 算法就能帮我们解决反向电话本问题。正如埃尔威斯所说，这个问题在 1996 年才首次被解决。

1996 年，洛乌·格罗弗设计了一个量子算法，利用量子比特叠加与纠缠的特性，通过量子门操作并行检验不同的数字。如果电话本包含 10000 个条目，经典算法需要用大约 10000 个步骤来找到答案。格罗弗的算法把这个数字降到了 100 左右。一般情况下，它将需要 $\sqrt{N}$ 步，而不是 N 步。

计算机擅长解决各种涉及规律和结构的问题。计算机解决问题的方法是计算一个问题的所有可能性，而不是从理论角度分析如何解决问题。比如所谓的八皇后问题，即 8 个皇后棋子必须放在一个 8×8 的棋盘上，但（按照国际象棋规则）每个皇后棋子都不能"吃"别的皇后棋子。换句话说，游戏规则不允许两个皇后棋子共占同一行、同一列或同一对角线。这个问题有 92 种不同的解法，就算考虑排除棋盘的旋转和镜面反转的情况，它仍有 12 种独特的解法。图 10.4 展示了其中一种。

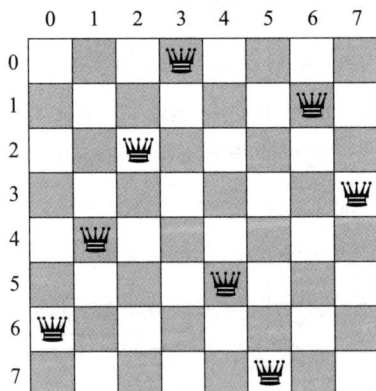

图 10.4　八皇后问题的解法之一

解决这个问题需要丰富的想象力，而找到所有可能的解决方案则需要费大量精力。如今，精确地拆分和列出其内部的逻辑结构，然后用递归算法，就能很容易地解决这个问题。这对于数学的意义，不在于计算机能快速解决问题，而在于它迫使我们分解问题的结构，就像我们开始构建十进制数字算法时所做的那样。换句话说，我们通过编写解决问题的程序，能够深入了解问题的本质。因此可以说，算法是问题的理论模型。

计算机建模是理解数学结构和确定可判定性或不可判定性的一种手段（见第9章）。是否存在计算素数的算法？可以设计一个算法来生成 π 中的数字吗？诸如此类的问题还有很多。可能并没有现成的算法来解决这些问题，但努力设计一个算法也是值得的，因为它能促使我们以特定的方式思考这些问题。

比如此时有一个标准的 9×9 数独游戏。玩这个游戏自然相当简单。但当网格增加时，游戏的复杂性就会增加。若将网格扩展到 10000×10000，玩游戏耗费的精力和时间就会非常多。计算机算法虽然可以很容易地解决复杂的数独问题，但随着游戏复杂度的提升，计算机解决时也逐渐开始吃力了。因此，我们的想法是设计一种算法，找到解决像这样的复杂问题的最短路径。如果我们令 P 代表具有简单解的问题，NP 代表具有复杂解的问题，那么可判定性问题就可以用计算机术语来表示。如果 P 等于 NP，即 P = NP，那么表示（涉及大量数据的）复杂问题也可以很容易地解决，这是因为算法变得更高效了。P = NP 问题是计算机科学和形式数学中最重要的问题之一。它试图确定是否每一个问题的解决方案都可以通过计算机快速查询检验、快速解决。

但这一切都蕴含着一个警告。正如第9章所讨论的，库尔特·哥德尔指出，在任何逻辑系统中，总有一些陈述是真的，但不能在陈述中证明。这意味着逻辑系统本质上是不可判定的，也包括计算机系统。艾伦·图灵——这位历史上最伟大的可计算性理论家之一，他证明了哥德尔的观点，即无法设计出一种算法，当程序运行时，无论输入什么数据，都能使程序在有限时间内结束。这就是所谓的"停机问题"。图灵假设停机问题是可判定的，于是他构造了一种算法，当且仅当它不停止时停止，于是这产生了矛盾的结果，由此证明该问题不可判定。然而，即使编写的算法不能产生想要的输出结果，但编写的过程本身会令我们对想要解决的问题有更深层次的理解——通过检查算法中的"错误"，我们可以进一步理解使算法流畅运行所需的数学原理。但当一切努力都不起作用时，我们就必须回到基本原则上来，从逻辑和想象力上重新审视我们的算法。

结语

对算法的讨论引出了贯串本书的潜在主题：数学是被发现的还是被发明的？柏拉图认为数学是被人发现的而不是被发明的，这意味着我们永远无法在数学中找到错误。但是，正如我们所看到的，数学中也是有错误的。然而，如果数学是有错误的，那么为什么无论是在其自身内部还是外部，都会产生一些被证明是正确的发现？而且，通过对数学的思考和使用，某些发现在偶然状况下浮现了出来。随着这一过程的进行，每隔一段时间就会有一些东西突然出现，引发新的见解，打破之前的系统。

柏拉图把现实分为两个领域，一个是看不见的思想或形态的领域，另一个是具体的常见的物体的领域。他认为后者是前者的不完美复制品，因为它们总是处于不断变化的状态。因此，柏拉图拒绝任何声称在感官经验的基础上解释知识的哲学——在他看来，真正的知识是建立在先天观念的基础上的。在《理想国》（*Republic*）中，他这样描述人类——他们被囚禁在洞穴里，把墙上的阴影误认为现实。只有那些有机会逃离洞穴的人——真正的哲学家，才具有敏锐的洞察力，得以看到外面的真实世界。洞穴阴暗的环境象征物质表象的世界，这与外面完美的思想世界形成了鲜明对比。例如，圆形就是一种理想形状。因此，存在于现实世界中的一个物体的形状，只要它与这个概念相似，就可以被称为"圆"。

毕达哥拉斯一生的大部分时间生活在克罗托内，他在那里建立了自己的学派，以研究现实的数学本质。他的学派成员通过秘密仪式加入，并宣誓遵守所谓的"金科玉律"的信条，其中包括以下两个信条，这两个信条在今天和过去一样重要。

- 寻找公正的措施，那是不会造成痛苦的措施。
- 用言语表达善意，用工作展现价值。

毕达哥拉斯学派还声称，行星运行时，行星之间的距离与它们产生的声音的音调的关系，跟弹拨琴弦时琴弦的长短与其发出和谐、悦耳的声音的音调的关系相同。如果行星彼此靠近，它们的运动会产生较低音调的声音；如果它们离得较远，就会产生更高音调的声音。

这些不同音调的声音混合在一起，便产生了"天体音乐"。实际上，毕达哥拉斯学派得出了运动、物体与和谐音乐之间的联系。这种联系是由一种通用语言即数学来指明的。

毕达哥拉斯学派认为，数学是包含世界上的所有真理的密码。伽利略的著作《试金者》（它是用数学语言写成的）扩展了毕达哥拉斯学派的观点。数学真的是天体的语言吗？它真的允许我们以几何图形、数字等形式"论述"宇宙的特征吗？如果真是这样，这是否意味着数学只是大脑使用的一种研究工具，而不是大脑给予我们的、产生于大脑内部的一个系统？从毕达哥拉斯学派为数学的发现向神灵献祭的做法，到 17 世纪日本人为发现数学证明向神灵供奉"sangaku"（译为"算额"，一种画在神社和庙宇梁上的与数学有关的画）的做法，世界各地的人们似乎都有一种感觉，即某些发现向我们揭示了这个世界零碎的、不完整的一部分真相。这就是为什么古人相信地球上的物质和星体之间存在着因果关系。那些能够用数字来计算即将发生的事件的人，如计算下一个播种季节，可为自己积累巨大的力量，成为数学家和天文学家。

那么，究竟什么是数学？这是一个无法直接回答的问题。数学中蕴含的伟大思想就是最好的诠释，如本书所选择的这 10 个伟大思想（当然还有许多其他伟大思想）。正如毕达哥拉斯学派所主张的那样，数学很可能是一种密码，用以解答现实世界的意义。毕达哥拉斯学派的思想将继续促进数学的发展，也会同样加深数学与自然科学、哲学和艺术之间的联系。或许还是伽利略所言最为动人："数学是上帝用来书写宇宙的语言。"

探索

1. 液体转移问题

下面是 15 世纪法国数学家尼古拉·许凯提出的一个问题，请针对这个问题设计一个逐步运行的程序。

这里有两个罐子，分别可装 5 升和 3 升的液体，两个罐子都没有任何标记。当无法确定一个木桶里的液体的量时，如何才能准确地从该木桶里称量出 4 升的液体？假设液体在转移和称量过程中随时可以倒回桶内。

2. 跳棋问题

请思考下面的问题，并为它设计一个逐步运行的程序（见

图 10.5）。

图 10.5　跳棋问题

　　桌子上有 6 个跳棋排成一排，3 个是白色的，居左，3 个是黑色的，居右，两组棋之间有一个空格。一个棋子只能走一步，且棋子可以跳一步到隔一个棋子的空格内，也可以走一步到相邻的空格内，但不允许向后移动棋子，也就是说，白棋只能向右移动，黑棋只能向左移动。如何才能使全部白棋移动到右侧，全部黑棋移动到左侧？

　　3. 阿尔琴的过河问题

　　编写算法意味着将问题分解成逐步运行、按步骤计算的结构。举个例子，有一个著名的问题，可以追溯到英国神学家和学者阿尔琴（又译为阿尔昆，曾应查理大帝之聘，赴法兰克宫廷传授知识），他设计了 56 个问题，并将它们写在一本名为《磨砺年轻人的问题》（又译为《磨炼青年人的命题集》等，拉丁名为 *Propositiones ad Acuendos Juvenes*）的教学手册中。

　　一个旅行者需要带一只狼、一只山羊和一棵卷心菜过河。然而，他只能找到一条船，且他每次只能带一个动物或物品上船。怎样才能让人和动物或物品都毫发无损地过河？（注意：如果人不在场，山羊就会吃掉卷心菜，狼会吃掉山羊。）

　　4. 一个更复杂的版本

　　阿尔琴的问题其实很容易解开。但增加变量（要带的东西）和条件就会使过河问题更加复杂。这里有一个问题，它起源于俄罗斯。

3 个士兵不得不在没有桥的情况下过河。2 个男孩带着一艘船，愿意帮助士兵，但船太小了，只能承载 1 个士兵或 2 个男孩。且 1 个士兵和 1 个男孩不能同时在船上，否则船就会沉。已知士兵都不会游泳，在这种情况下，貌似只有 1 个士兵可以过河。然而，3 个士兵最终都到达了对岸，还把船还给了男孩。他们是怎么做到的？

5. 可能性与不可能性

本章的主题之一是关于可能性或不可能性的。哲学家马克斯·布莱克在他 1946 年的著作《批评的思考》（*Critical Thinking*）中设计了一个简单的问题，简要概括了主题的含义。这就是所谓的残缺棋盘（棋盘上相邻两个方格的颜色不同）问题。

假设每个多米诺骨牌的大小等于棋盘上两个相邻方格加在一起那么大，且多米诺骨牌不能堆叠在一起，必须平放。如果一个棋盘上处于对角位置的一对方格被移走，棋盘能被多米诺骨牌完全覆盖吗？

答案

第 1 章

1.首先，我们画一个图来直观地展示问题所提供的信息。垂线段 *PQ* 代表柱子，高 15 肘。顶点 *P* 代表孔雀栖息地。我们从柱子的底部 *Q* 画一条直线段到点 *S*，与柱子成直角，点 *S* 代表蛇的初始位置。*QS* 长 45 肘，这是因为题中给出的条件"柱高 3 倍长"（15 × 3 = 45），如图 A.1 所示。

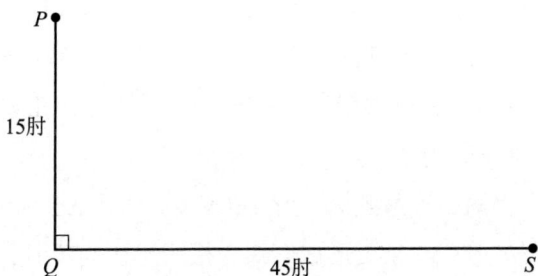

P

15肘

Q   45肘   S

图 A.1　婆什迦罗第二的蛇和孔雀问题

我们从题中可知，蛇沿着地面向柱子移动，孔雀斜着俯冲向蛇。所以，让我们在 *QS* 上标出一个点，设为 *R*，即孔雀和蛇相遇的地方。婆什迦罗第二告诉我们，虽然它们的路径之间的夹角未知，但这两种动物到点 *R* 的距离相等。因此，*x* 既可以表示 *P*（孔雀栖息地）到 *R* 的距离，也可以表示 *S*（蛇的初始位置）到 *R* 的距离，我们可以相应地标记这两条相等的线段长为 *x*。然后，两者相遇点 *R* 到柱子底部 *Q* 的距离就可以标记为 (45-*x*)，即当蛇到达点 *R* 时，柱子与蛇之间的距离，如图 A.2 所示。

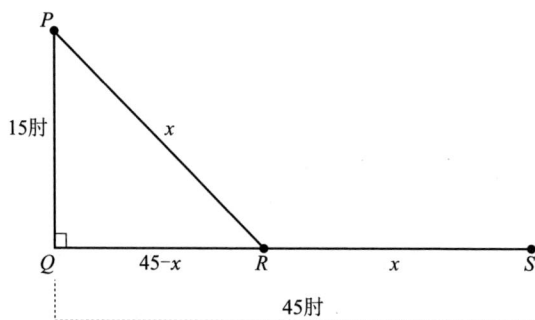

图 A.2　婆什迦罗第二的蛇和孔雀问题的解题方法

图 A.2 清楚地表明，毕达哥拉斯定理可以应用于直角三角形 PQR，以解出长度 x。于是可得方程 $x^2 = 15^2 +(45-x)^2$。解得 $x = 25$。因此，距离 QR，或者说 $(45-x)$ 就等于 $45-25 = 20$。因此，孔雀在距离柱子底部 20 肘的地方遇到了蛇。

2. 将 3 个相同的三角形标记为 A,B 和 C，如图 A.3 所示。以图 A.3 中这样的方式，它们在中心形成第四个相同形状的较小的三角形，标记为 D。注意，D 相对于这 3 个三角形是"颠倒"的。3 个三角形的 3 个顶点可以连接在一起，形成一个更大的三角形（如图 A.3 中虚线所示）。

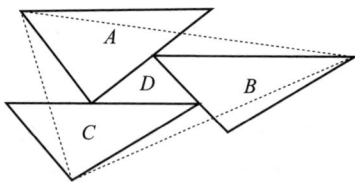

图 A.3　阿布·瓦法的拼图问题的解题方法

3. 在图 A.4 中，最大的圆与给定的 3 个圆相切。请注意，其中一个给定的圆与大圆内切。

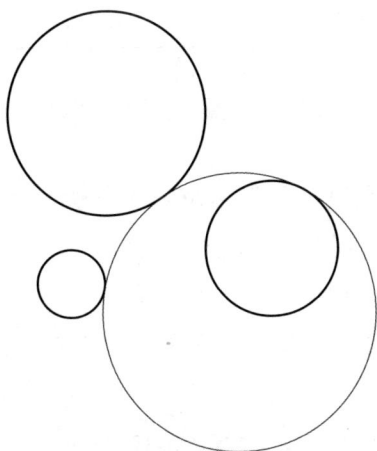

图 A.4 阿波罗尼奥斯问题的解题方法

4. 首先，我们画出房间内的矩形地板。在地板上，我们用 x 代表它的宽度，$2x$ 代表它的长度（宽度的 2 倍），如图 A.5 所示。

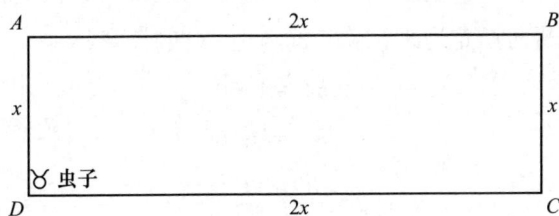

图 A.5 测量问题

虫子到对面角落的最佳路径是对角线路径，如图 A.6 所示。

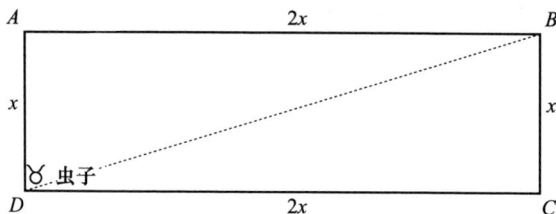

图 A.6　测量问题的解题方法

　　显然，对角线是直角三角形 BCD 的斜边，直角边的长度分别为 x 和 $2x$。所以，如果我们能确定这些长度，就可以用毕达哥拉斯定理算出对角线的长度。已知地板的面积是 32 平方米。矩形的面积是长与宽的乘积。在这种情况下，长度是 $2x$，宽度是 x。将它们相乘，我们得到地板的面积。

$$2x \times x = 32$$
$$2x^2 = 32$$
$$x^2 = 16$$
$$x = 4$$

　　通过计算，我们知道房间的宽度是 4 米。因为长度是宽度的 2 倍，所以就是 8 米。以上是直角三角形 BCD 的直角边的长度。现在我们可以用毕达哥拉斯定理来计算它的斜边 BC 的长度。

$$BC^2 = 4^2 + 8^2$$
$$BC^2 = 16 + 64$$
$$BC^2 = 80$$
$$BC = \sqrt{80} \approx 8.94 （米）$$

因此，虫子行进的最短距离约为 8.94 米。

5. 7 个锐角三角形可以组合成图 A.7 所示的图形。

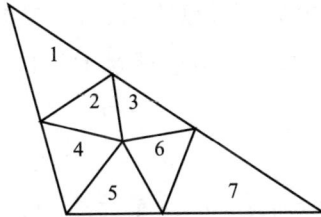

图 A.7 加德纳非同寻常的三角问题的解题方法

第 2 章

1. 图 A.8 所示是迪德尼问题的答案。

67	1	43
13	37	61
31	73	7

图 A.8 迪德尼素数幻方的解题方法

2. 这个素数是 372。372 的各位数字加起来是 12，即 3 + 7 + 2 = 12，且每个数字都是素数。372 的质因数如下。

$$372=2^2 \times 3 \times 31$$

3. 这个问题对我们是一个提醒。提醒我们当涉及素数时，使用归纳法必须始终小心谨慎。答案是它不会继续保持下去。使用相同规律构建的下一个数字（在每一个数字前面加上一个 3）是 333333331，这是一个合数。

$$17 \times 19607843 = 333333331$$

4. 100 以内有 8 对孪生素数: (3,5)、(5,7)、(11,13)、(17,19)、(29,31)、(41,43)、(59,61)、(71,73)。

5. 答案是 19。

该数小于 100；如果加上 4，就得到 23，它是数列中的下一个素数；若 23 加上 19 的孪生素数 17，就会得到 23 + 17 = 40。

第 3 章

1. 在（5）的等式中，$(a-b-c)$ 是等号两边的公因数。现在，如果把（1）中的等式重写如下：

$$a=b+c$$

把等号右侧的项都移到左侧，可得到

$$a-b-c=0$$

因此，矛盾是因为（6）中的等式两边同时除以 0 而产生的。

2. 解决这些问题的一种简单方法是先将二进制数转换为十进制数，再计算。

（1）1100+0111 =12 +7 =19，或用二进制表示为 10011。

（2）1011−1001 =11−9 =2，或用二进制表示为 0010。

（3）0101×0100=5×4 =20，或用二进制表示为 10100。

3. 这是一个关于数轴的巧妙问题。由于蜗牛白天向上爬 3 米，并向下滑 2 米，所以它每天结束时的净距离比前一天增加 1 米。换句话说，蜗牛的爬升速度是每天 1 米。因此，在第 1 天结束时，蜗牛将从井底上升 1 米，并且距离到达井的顶部还剩 29 米（已知井的深度为 30 米）。如果我们就此便得出结论，蜗牛会在第 29 天到达井顶，我们就会落入这个问题的隐藏陷阱。我们可列出下列步骤，详细描述蜗牛上下的线性路径，类似将点在数轴上向左和向右移动。

第 1 天：爬到 3 米处，下滑到 1 米处。

第 2 天：从 1 米处开始，向上到 4 米处，然后下滑到 2 米处。

第 3 天：从 2 米处开始，向上到 5 米处，然后下滑到 3 米处。

…………

第 26 天：从 25 米处开始，向上到 28 米处，再下滑到 26 米处。

第 27 天：从 26 米处开始，向上到 29 米处，再下滑到 27 米处。

想象一下，第 28 天时，蜗牛发现自己在距井的底部 27 米的地方。这意味着在那天，蜗牛还有 3 米的距离就可以爬到顶部了。

蜗牛上升 3 米后，到达顶部，然后就能出去了，不会再滑下来。因此，蜗牛花了整整 27 天加半天（白天）的时间。

4. 这个问题也可以使用数轴来分析。一开始，我们不知道消防员在第几个横杆上，只知道是中间的某个横杆。因此，我们将他的起始横杆标记为 0，因为高于或低于 0 的每个横杆都可以用大于或小于 0 的点表示，所以有多少高于或低于 0 点的横杆，就有多少大于或小于 0 的点。

设中间的横杆为 0 级（就像数轴上的中点）。我们已知消防员从 0 级向上爬了 3 级，如图 A.9 所示。

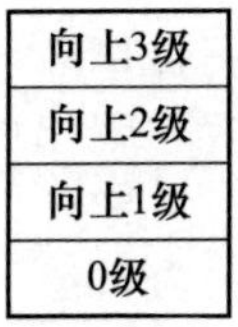

图 A.9 消防员问题的解题方法：第 1 部分

然后，他向下走了 5 级。这表示他从 0 往上的第 3 级开始向下走了 5 级，所以他最终到达 0 级以下的第 2 级，如图 A.10 所示。

向上3级
向上2级
向上1级
0级
向下1级
向下2级

图 A.10　消防员问题的解题方法：第 2 部分

　　接下来，消防员又往上爬了 7 级（从 0 级以下的第 2 级开始）。这表示，他从 0 级以下的第 2 级开始向上爬了 7 级。因此，最终他处于 0 级以上的第 5 级，如图 A.11 所示。

向上5级
向上4级
向上3级
向上2级
向上1级
0级
向下1级
向下2级

图 A.11　消防员问题的解题方法：第 3 部分

　　最后，消防员又向上爬了 7 级（从 0 级以上的第 5 级开始）到屋顶。这意味着他从 0 级以上的第 5 级开始又向上爬了 7 级，到达了 0 级以上的第 12 级，如图 A.12 所示。

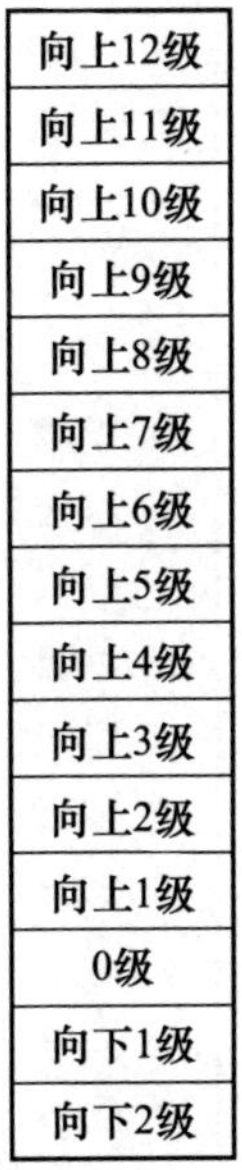

向上12级
向上11级
向上10级
向上9级
向上8级
向上7级
向上6级
向上5级
向上4级
向上3级
向上2级
向上1级
0级
向下1级
向下2级

图 A.12　消防员问题的解题方法：第 4 部分

　　0 级向上的第 12 级是梯子的顶部，因为消防员就是从这一级爬上屋顶的。现在，让我们补全梯子。我们已经知道它的 0 级上方有 12 级。由于 0 级是中间级，一个完整的梯子当然在 0 级以下也会有 12 级，如图 A.13 所示。

向上12级
向上11级
向上10级
向上9级
向上8级
向上7级
向上6级
向上5级
向上4级
向上3级
向上2级
向上1级
0级
向下1级
向下2级
向下3级
向下4级
向下5级
向下6级
向下7级
向下8级
向下9级
向下10级
向下11级
向下12级

图 A.13　消防员问题的解题方法：第 5 部分

总的来说，梯子在 0 级以上有 12 级，在 0 级以下也有 12 级，还有 0 级本身。那么自然，梯子总共有 25 个横杆。

5. 前 10 个非负整数的乘积是 0，因为集合中有一个 0——{0,1,2,3,4,5,6,7,8,9}。任何数字或数列乘 0 都等于 0。

第 4 章

1. 如果你进行大量的实验，将会得到点落在圆内的概率在 78.54% 左右，或写作 0.7854，这是两个区域的面积之比。

2. 你走过的距离就是圆的周长。圆的周长公式如下。

$$C = \pi d$$

在本题中，$d = 200$。

$$C = 200\pi$$
$$C = 200 \times 3.141592\cdots$$
$$C = 628.3185\cdots（米）$$

所以，你走了大约 628 米。

3. 一圈围栏就是圆周。因此，它的长度就是圆的周长，为 500 米。从花园的一个门走到花园的中心相当于走过半径的长度，因为半径是从中心到圆周的任何一条线段（反之亦然）。

$$C = 2\pi r$$
$$500 = 2\pi r$$
$$250 = \pi r$$
$$r = 250/\pi$$
$$r = 79.577\cdots（米）$$

所以，你走了约 80 米。

4. 绳子将物体绕了两圈，也就是说绳子的长度是物体周长的两倍。已知物体直径是 14 厘米。

$$C = \pi d$$
$$C = 14\pi$$
$$C = 43.9822\cdots \approx 44（厘米）$$

44 的两倍是 88，因此，绳子的长度约为 88 厘米。

5. 首先，请注意，圆的半径处处相等。设半径长度为 r，则 $AO = r$，$OB = r$。现在，利用毕达哥拉斯定理：

$$9^2 = r^2 + r^2 = 2r^2$$

$$81 = 2r^2$$

$$\frac{81}{2} = r^2$$

$$r^2 = 40.5 \text{（厘米}^2\text{）}$$

$$r \approx 6.36 \text{（厘米）}$$

这是半径的值。把这个值代入周长公式，得到：

$$C = 2\pi r$$

$$C = 2\pi \times 6.36$$

$$C \approx 40 \text{（厘米）}$$

所以，周长大约是 40 厘米。

第 5 章

1. 答案如下。

$$150 = 10^2 + 7^2 + 1^2 = 100 + 49 + 1$$

2. 这道题可以用下面的方法解决。

（1）x 代表祖母的儿子的数量。那么她的每个儿子都有 $(x-1)$ 个兄弟，也就是说，比儿子的总数少一个。例如，如果她有 8 个儿子，那么其中一个儿子有 7 个兄弟。

（2）每个儿子自己的儿子（祖母的孙子）和他的兄弟一样多。因为每个儿子有 $(x-1)$ 个兄弟，所以每个儿子也有 $(x-1)$ 个自己的儿子。

（3）现在，由于祖母有 x 个儿子，而每个人又有 $(x-1)$ 个自己的儿子，所以她总共有 $x(x-1)$ 个孙子。因此，儿子和孙子

的数量加起来是 $x+x(x-1)$，这等于祖母的年龄，这是一个 50 到 100 之间的数字。

（4）换句话说：

$$x+x(x-1)=50\sim100$$
$$x+x^2-x=50\sim100$$
$$x^2=50\sim100$$

（5）因此，我们要找的数字的平方数在 50 到 100 之间。这有 3 种可能：$8^2=64$，$9^2=81$，$10^2=100$。

（6）我们知道这个数能被 8 整除，所以答案是 64 岁。这便是祖母的年龄。

3. 既然 $2^8=256$，那么 $\log_2 256=8$。这意味着在往上数 8 代里，有 256 个亲代。

4. 答案是 $x=49$。

（1）因为 $\sqrt{x+15}+\sqrt{x}=15$，所以 $\sqrt{x+15}=15-\sqrt{x}$。

（2）两边同时平方：$x+15=(15-\sqrt{x})^2=225-30\sqrt{x}+x$。

（3）两边同时减去 x，$15=225-30\sqrt{x}$。

（4）于是，$15-225=-30\sqrt{x}$，即 $-210=-30\sqrt{x}$。

（5）两边同时除以 -30：$7=\sqrt{x}$。

（6）两边同时平方：$x=49$。

5. 略。

第 6 章

1. 只有（1）的结果接近 e。将给定的项转化为小数（除不尽时保留 2 位小数），我们得到

$$1+0.5+0.33+0.25+0.2+0.17+0.14+0.125+\cdots=2.715\cdots$$

2. 下面是前 6 项的值。

1/0!= 1（如题中定义）

1/1! =1/1=1

1/2! =1/ (2×1) =1/ 2

1/3! =1/ (3×2×1) =1/6

1/4! =1/ (4×3×2×1) =1/24

1/5! =1/ (5×4×3×2×1) =1/120

以上求和可得

$$1 + 1 + 1/2 + 1/6 + 1/24 + 1/120 + \cdots = 2.718\cdots$$

因此，由此序列可估算出 e。

3. $f(x) = x^2$ 的图像如图 A.14 所示，它呈抛物线形状。

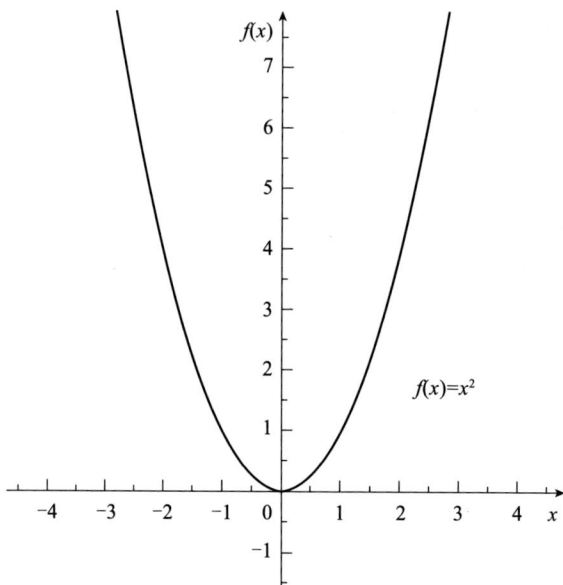

图 A.14　$f(x) = x^2$ 的图像

4. 答案是方案 B 更好。第一年后，按方案 A，你只会得到 4000

元。而按方案 B，你将在 6 个月后收到 2000 元；然后每 6 个月会得到 200 元的加薪。所以，在那一年的后 6 个月，你就会得到 2200 元。把这两个阶段的薪资加起来，第一年结束时你会得到 4200 元。那么，两种方案在两年后会产生多少薪资呢？

按方案 A，第一年后每年你的薪资会增加 800 元。所以第二年，你最终会赚 4800 元。但是按方案 B，你在本年度第一阶段后（6 个月后）将赚 2400 元——你年初所得的 2200 元（即上一阶段的薪资）加上你在该阶段获得的 200 元加薪。然后，在后面的 6 个月里，你会在这个新薪资的基础上再增加 200 元，也就是说，你会再赚 2600 元（2400元 + 200 元）。把这两个阶段产生的薪资加起来，第二年结束时你会得到 5000 元。如果你继续以这种方式计算这两个方案产生的薪资，比如说到第六年，你会发现方案 B 实际上会产生更多的薪资（见表 A.1），因此是更好的选择。

表 A.1　两个方案产生的薪资对比

年份	方案 A 薪资 / 元	方案 B 薪资 / 元
1	4000	4200
2	4800	5000
3	5600	5800
4	6400	6600
5	7200	7400
6	8000	8200

5. $x = 7$ 时，$e^7 \approx 1096.633$。可以看出，函数随 x 值变大而增大的速度非常快。

第 7 章

1. 答案如下。

（1）$i^3=i\times i\times i=\sqrt{-1}\times\sqrt{-1}\times\sqrt{-1}=(-1)\times\sqrt{-1}=-\sqrt{-1}=-i$

（2）$i^6=i\times i\times i\times i\times i\times i=\sqrt{-1}\times\sqrt{-1}\times\sqrt{-1}\times\sqrt{-1}\times\sqrt{-1}\times\sqrt{-1}$

$\qquad=(-1)\times(-1)\times(-1)=1\times(-1)=-1$

（3）$i^0=1$（回想一下第 5 章，除 0 以外的任何数的 0 次方都等于 1）

2. 答案是 3i。

$$\sqrt{9}=\sqrt{9\times(-1)}$$
$$\sqrt{9}=\sqrt{9}\times\sqrt{-1}$$
$$\sqrt{9}=3\times\sqrt{-1}$$

因为 $\sqrt{-1}=i$，所以

$$\sqrt{9}=3i$$

3. 答案是 a^2+b^2。

证明

$$(a+bi)(a-bi)=a^2+(ab)i-(ab)i-b^2i^2$$
$$a^2+(ab)i-(ab)i-b^2i^2=a^2-b^2i^2$$

因为 $i^2=-1$，所以

$$-b^2i^2=-b^2\times(-1)=b^2$$

于是，可得

$$a^2-b^2i^2=a^2+b^2$$

4. (1) $(3+2i)\times(3-2i)=13$

证明

$$(a+bi)\times(a-bi)=a^2+b^2$$
$$a=3,\ b=2$$
$$a^2+b^2=3^2+2^2=9+4=13$$

(2) $(5+3i)\times(5-3i)=34$

证明

$$(a+bi)\times(a-bi)=a^2+b^2$$

$$a=5, b=3$$

$$a^2+b^2=5^2+3^2=25+9=34$$

5. (1) $(4-5i)^2=(4-5i)(4-5i)=16-40i+25i^2=16-40i-25=-9-40i$

(2) $(3-3i)^3=(3-3i)(3-3i)(3-3i)=-54i+54i^2=-54-54i$

第 8 章

1. 运动员如何按照规定路线行动，并最终回到营地呢？在二维平面上，这当然是不可能的。但地球是球形，地球的表面不是平面。只有营地设在北极，无论往东走多远，问题所描述的旅行方向都会把运动员带回北极。因此这只熊只能是北极熊，所以熊是白色的。

2. 略。

3. 亚历克西娅说的既是真话又是谎话。假设她是一个诚实的人，那么她说的便是真话。但这句话暗示了她是骗子。这就产生了矛盾。所以，她一定是骗子。如果她是骗子，那么她说的就是谎话。但在这种情况下，这句话已知是真的——她确实是骗子。所以，又产生了另一个矛盾。因此不可能确定她说的是真话还是谎话。

4. 本题的答案如下。

（1）给轮胎放气。

（2）男人一直在打嗝。他想要一杯水，用喝水来停止打嗝。酒保拿出枪，想吓得那人停止打嗝。这招奏效了，于是那个人感谢了他，就离开了，也不需要水了。

（3）猴子若以恒定的加速度上升或下降，重物也会以相同的加速度下降或上升。因为重物和猴子互为平衡。所以，猴子无论怎样爬，都无法摆脱重物跑掉。

5. 本题的答案如下。

（1）$\aleph_0+1=\aleph_0$

（2）$\aleph_0+\aleph_0=\aleph_0$

$\aleph_0$ 表示数的集合（整数），每个 $\aleph_0$ 具有相同的基数。如果你给它加上 1，即（1）中所述，你只是在数轴上增加了一个数字。事实上，无论你在数轴上加多少个数字，集合都不会部分超出数轴或完全处于数轴之外。这样在结束时就总会处于数轴内。同样地，你可以把数轴的长度翻倍，就成了（2）中所述，但无论在无限的项里如何操作，都不会超出数轴或处于数轴之外。也就是说，无论你在 $\aleph_0$ 上执行什么算术运算，这条数轴都是无限长，并且总是具有相同的基数。

第 9 章

1. 这句话是，你不能证明我是骑士。如果本地人是一个"无赖"，那么无赖说的话当然是假的。于是，反之，此话语义应是"你可以证明我是骑士"。但这事实上意味着，他这个无赖被证明成一个骑士了（因为这个陈述是真的，就可以被逻辑学家证明）。他不可能既是无赖又是骑士，由此我们否定了他是无赖的假设。因此，本地人肯定是骑士。这意味着"你不能证明我是骑士"这句话是正确的。但如果此话语义是真的，那么，正如语义所说，逻辑学家便无法证明它（逻辑学家只能证明正确的陈述）。所以，即使本地人是骑士，逻辑学家也永远无法证明。

2. 已知：盒子里装着 10 美分（2 个 5 美分硬币）、15 美分（3 个 5 美分硬币）和 20 美分（4 个 5 美分硬币）；每个盒子都贴错了标签，例如，如果盒子上面写着 10 美分，那么我们肯定知道里面不是 10 美分，而是 15 美分或 20 美分；标签为 15 美分的盒子 B 里的

东西是两个 5 美分硬币（10 美分）。根据这些事实，有两种可能的
情况，如图 A.15 所示。

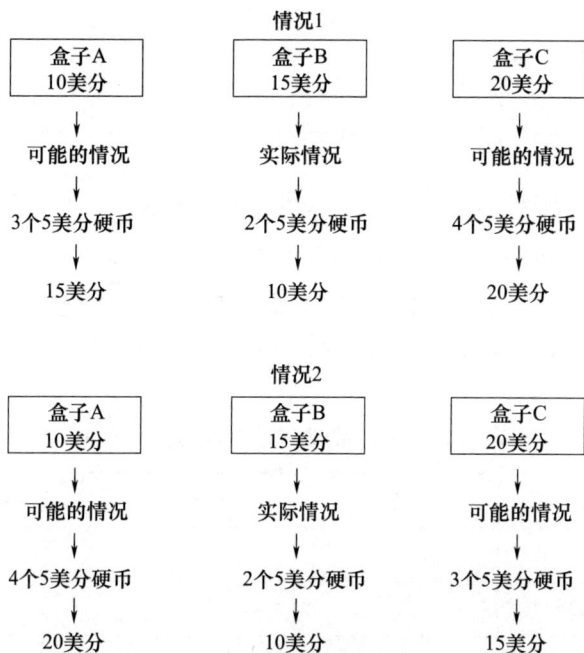

图 A.15　加德纳的逻辑问题的解答示意

　　情况 1 与一个给定的事实矛盾——盒子 C 中有 20 美分，且标签
贴对了，这就与前提"每个盒子都贴错了标签"不符。所以，我们把
这种情况否定了。另外，情况 2 没有产生矛盾。因此，答案就是盒子
A 含有 20 美分，盒子 B 含有 10 美分，盒子 C 含有 15 美分。
　　3. 这种类型的问题通常借助表格来解决，将程序员、分析师、
会计师等职位放在行首，将人名即艾米、夏尔马、萨拉放在列首，
如表 A.2 所示。此表可使我们能够追踪记录推理过程中每次排除的
情况。

表 A.2 将职位和人名填入表格

人员	程序员	分析师	会计师
艾米			
夏尔马			
萨拉			

已知：会计师是独生子女，艾米有一个兄弟（而且已知萨拉和他结婚了）。所以，我们可以排除艾米是会计师，因为会计师是独生子女，而艾米不是。我们通过在她的名字这行和会计师所在列下交汇的方格中画"×"来表示艾米不是会计师，如表 A.3 所示。

表 A.3 部分完成的表格：第 1 部分

人员	程序员	分析师	会计师
艾米			×
夏尔马			
萨拉			

我们还已知，会计师的收入是 3 个人中最低的，而萨拉的收入比分析师的高。从这两个事实中，可以确定关于萨拉的两件明显的事情：她不是会计师（不是挣得最少的），她不是分析师（因为她挣得比分析师多）。

为了记录这两个结论，我们在相应的 2 个方格中画"×"，将萨拉是会计师和分析师的可能性排除，如表 A.4 所示。

表 A.4 部分完成的表格：第 2 部分

人员	程序员	分析师	会计师
艾米			×
夏尔马			
萨拉		×	×

　　会计师列下唯一空着的方格在夏尔马这行。因此，通过排除过程，得出了夏尔马是会计师。我们通过在她的名字这行相应的方格中画"·"来表示，并在该行其他格里画"×"来排除她的所有其他职位的可能性，因为夏尔马只能担任所述职位中的一种——如果她是会计师，那么从逻辑上讲，她既不能是程序员也不能是分析师，如表 A.5 所示。

表 A.5 部分完成的表格：第 3 部分

人员	程序员	分析师	会计师
艾米			×
夏尔马	×	×	·
萨拉		×	×

　　表 A.5 显示萨拉是程序员，因为留给她的唯一方格是程序员。我们也用"·"来表示。这也排除了艾米作为程序员的可能性，因为只有一个程序员，我们在方格中画个"×"来表示，如表 A.6 所示。

表 A.6　部分完成的表格：第 4 部分

人员	程序员	分析师	会计师
艾米	×		×
夏尔马	×	×	·
萨拉	·	×	×

现在，如你所见，只剩唯一的方格待分析了，这就是艾米的职位了。因此，她的职位就是分析师，如表 A.7 所示。

表 A.7　全部完成的表格

人员	程序员	分析师	会计师
艾米	×	·	×
夏尔马	×	×	·
萨拉	·	×	×

4. 硬币在 B 里。

首先假设 A 上的铭文是真的，如图 A.16 所示。

假设1

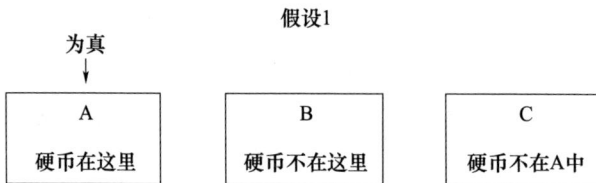

图 A.16　硬币假设：第 1 部分

现在，我们可以立即确定 B 上的铭文也是真的——因为如果硬币在 A 中,那么,正如 B 上的铭文所宣称的那样,它肯定不在 B 中。这里出现两个铭文都为真的情况,这与条件"最多只有一个铭文是真的"不符。因此,我们可以排除假设 1。不过在这个过程中,我们确认了 A 上的铭文一定是假的,由此推理出 C 上的铭文是真的,因为它只证实了硬币不在 A 中,如图 A.17 所示。

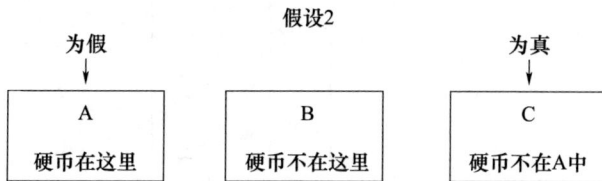

图 A.17　硬币假设:第 2 部分

既然最多只有一个铭文是真的,那么 B 上的铭文一定是假的。这就补全了假设 2,如图 A.18 所示。

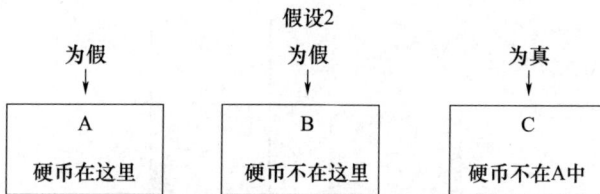

图 A.18　硬币假设:第 3 部分

B 上的铭文是"硬币不在这里"。根据假设 2,这是一个错误的陈述。因此,事实正好相反——这枚硬币在 B 中。

5. 在这道题中,关键是要意识到,每个女儿的兄弟并不是不同的人。农夫有 7 个女儿和一个儿子,这个儿子就是 7 个女儿各自的兄弟。所以他一共有 8 个孩子。

第 10 章

1. 解答方法如下。

（1）从木桶里倒出液体，装满 5 升的罐子，如图 A.19 所示。

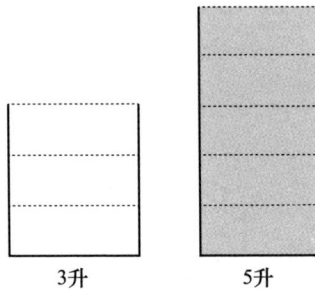

图 A.19　液体转移问题：第 1 部分

（2）将液体从 5 升的罐子倒进 3 升的罐子，装满 3 升的罐子，5
升的罐子里便剩下 2 升液体，如图 A.20 所示。

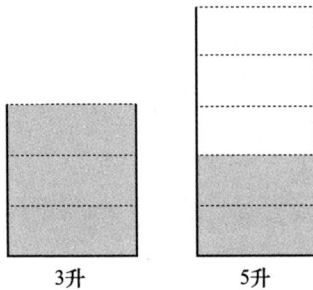

图 A.20　液体转移问题：第 2 部分

（3）把 3 升的罐子中的液体倒回木桶里，如图 A.21 所示。

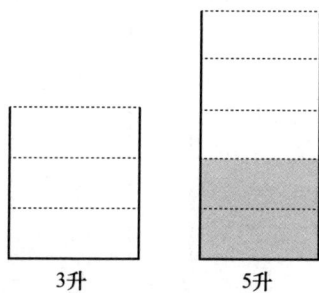

图 A.21　液体转移问题：第 3 部分

（4）把 5 升的罐子里的 2 升液体倒进 3 升的罐子里，如图 A.22 所示。

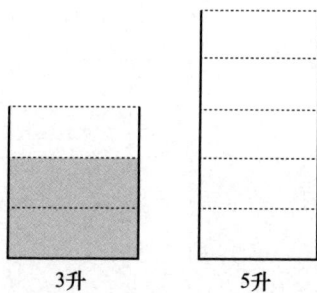

图 A.22　液体转移问题：第 4 部分

（5）从木桶里倒出液体，装满 5 升的罐子，如图 A.23 所示。

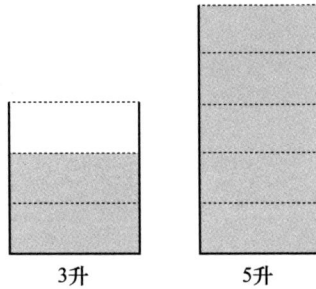

图 A.23 液体转移问题：第 5 部分

（6）把液体从 5 升的罐子倒进 3 升的罐子里，如图 A.24 所示。
于是 3 升的罐子里增加 1 升液体，5 升的罐子里剩下 4 升
液体，这就是本题所要求的量。

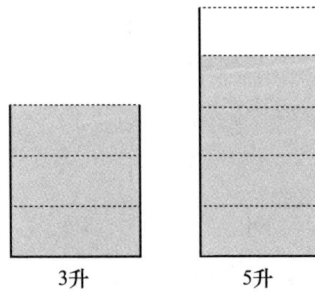

图 A.24 液体转移问题：第 6 部分

2. 移动顺序如下，其中 W 表示白棋，B 表示黑棋。

（0）W W W _ B B B

（1）W W _ W B B B

（2）W W B W _ B B

（3）W W B W B _ B

（4）W W B _ B W B

（5）W＿B W B W B

（6）＿W B W B W B

（7）B W＿W B W B

（8）B W B W＿W B

（9）B W B W B W＿

（10）B W B W B＿W

（11）B W B＿B W W

（12）B＿B W B W W

（13）B B＿W B W W

（14）B B B W＿W W

（15）B B B＿W W W

3. 旅行者不能从卷心菜开始运送，因为如果狼和山羊单独在一起，狼会吃掉山羊。先运狼也不行，因为山羊会吃卷心菜。所以，他唯一的选择是从山羊开始运。一旦做出这个关键的决定，剩下的就很容易解决了。他走过去，放下山羊，一个人回来。当他回到原来的那一边时，他可以选择狼或卷心菜。如果选择卷心菜，他带着卷心菜走到另一边，把它放下，但又带着山羊回到原来的一边（为了避免卷心菜被吃掉）。回到原来的一边后，他放下山羊，和狼一起去另一边。此时他已把狼和卷心菜安全地送到了另一边。这次他独自回去运山羊。然后他和山羊一起来到另一边，此时他和三者便可以继续他的旅程了。

4. 若 2 个男孩都在对岸，解答本题需要 12 步。为简化表达，3 个士兵分别表示为 S1、S2、S3，2 个男孩分别表示为 B1、B2。

（1）男孩 B1 把船划到此岸士兵面前，下船。

（2）士兵 S1 过河，在对岸下船。

（3）在对岸的男孩 B2 划船回来。

（4）当男孩 B2 到达此岸时，2 个男孩都上船过河。

（5）男孩 B2 下船，男孩 B1 划船回此岸。

（6）男孩 B1 在此岸下船，士兵 S2 过河。

（7）士兵 S2 在对岸下船，对岸的男孩 B2 划船回此岸。

（8）当男孩 B2 到达此岸后，2 个男孩再上船过河。

（9）男孩 B2 在对岸下船，男孩 B1 划船回此岸。

（10）男孩 B1 下船，士兵 S3 过河到对岸。

（11）士兵 S3 下船，男孩 B2 划船回来。

（12）2 个男孩上船，一同去对岸。

5. 这是不可能的。不可能以这种方式覆盖改变的棋盘，原因很简单，要删除的两个方格处于对角，是相同的颜色。放置在棋盘上的多米诺骨牌总是要覆盖一个白色和一个黑色方格。去掉两个相同颜色的对角上的方格后，棋盘上就没有相同数量的黑白方格能被多米诺骨牌覆盖了。